建筑室内装饰系列丛书

绿色建筑室内环境

A STUDY ON INTERIOR ENVIRONMENT OF GREEN BUILDING

张燕文 著

机械工业出版社
CHINA MACHINE PRESS

本书将生态文明建设理论导入绿色建筑室内环境营造，综合国内外相关理论，紧扣我国绿色建筑室内环境设计实践撰写。全书包括影响绿色人居环境发展的相关理论，绿色建筑及其设计的基本原理，绿色建筑室内环境的设计创建，绿色建筑室内环境的技术支撑，绿色建筑室内环境的污染防治，绿色建筑室内环境的评价系统，绿色建筑及室内环境设计的创作实践，绿色健康建筑室内环境设计的未来考量8章内容。对绿色建筑室内环境营造进行理论与实践两个层面的研究，发现问题，总结经验，并阐明解决问题的措施。书中配有国内外绿色建筑室内环境设计的实例，可供读者借鉴和参考。本书读者包括建筑学、室内设计、环境艺术设计、建筑装饰设计、城市和景观设计、生态经济学和环境工程学等专业的师生、研究学者和相关从业人员。

图书在版编目（CIP）数据

绿色建筑室内环境/张燕文著.—北京：机械工业出版社，2023.3
（建筑室内装饰系列丛书）
ISBN 978-7-111-72299-1

Ⅰ.①绿… Ⅱ.①张… Ⅲ.①室内装饰设计—环境设计 Ⅳ.①TU238
中国版本图书馆CIP数据核字（2022）第252950号

机械工业出版社（北京市百万庄大街22号　邮政编码100037）
策划编辑：赵　荣　　　　　责任编辑：赵　荣　范秋涛
责任校对：龚思文　张　薇　封面设计：鞠　杨
责任印制：张　博
北京汇林印务有限公司印刷
2023年4月第1版第1次印刷
184mm×260mm·14印张·295千字
标准书号：ISBN 978-7-111-72299-1
定价：69.00元

电话服务　　　　　　　网络服务
客服电话：010-88361066　机　工　官　网：www.cmpbook.com
　　　　　010-88379833　机　工　官　博：weibo.com/cmp1952
　　　　　010-68326294　金　书　网：www.golden-book.com
封底无防伪标均为盗版　机工教育服务网：www.cmpedu.com

前　言

生态、环境、绿色、健康与持续发展等是当今世界使用频率非常高的词汇，环境问题成为当今人类面临的重要问题，环境保护成为世界各国共同关注的难点和焦点。人类是否能够解决环境问题及保护好自己的家园，将深刻影响人类社会的持续发展及生态文明建设。

绿色建筑室内环境营造是指在设计中给人们提供一个环保、节能、安全、健康、方便、舒适的室内环境空间，包括在建筑内部布局、空间尺度、装饰材料、照明条件、色彩配置等方面，均可满足当代社会人们在生理、心理、卫生、安全、健康等方面的多种要求，并能充分利用能源，减少污染及对环境可能产生的破坏等问题。在建筑室内环境设计中关注绿色设计问题，不仅仅是从技术层面去考虑，更重要的是要在观念上进行更新。它要求把绿色建筑室内环境营造的重点放在真正意义上的创新层面，以一种更为负责的方法去创造建筑室内环境空间的构成形态、存在方式，用更简洁、长久的造型尽可能地延长室内环境设计的使用寿命，并使之能与自然和谐共存，直至获得健康、良性的发展。

本书立足近年来国家在生态文明方面取得的建设成果，对影响绿色人居环境发展的相关理论进行梳理，从绿色建筑室内环境营造的设计方法和实践探索等层面予以归纳，其特色包括：

一是在影响绿色人居环境发展相关理论探索方面。党的十八大做出"大力推进生态文明建设"的战略决策，并从 10 个方面描绘出生态文明建设的宏伟蓝图。绿色人居环境建设和绿色建筑室内环境营造也随之迎来快速发展的良好时机，取得了前所未有的建设成果。作者在书中对影响绿色人居环境发展的相关理论进行梳理，除可持续发展理论外，还将循环经济、生态消费等理论及健康中国理念引入其中，从绿色人居环境建设方面予以阐述，使其理论探究的广度和深度得以拓展。另将作者多篇在绿色建筑及其室内环境营建方面具有前沿性的学术论文探索成果引入书中，以使理论层面的叙述更具探究的前瞻性。

二是在绿色建筑及室内环境设计原理解读方面。我国在实施生态文明发展战略及人居环境与"美丽中国"构筑中，在绿色建筑室内环境营建方面取得理论和实践创新的成果，使绿色建筑及室内环境设计原理的论述更为明晰。

三是在绿色建筑及室内环境质量和评价标准方面。住建部和质监局于 2006 年 3 月联合发布国内第一个关于绿色建筑综合评价的国家标准《绿色建筑评价标准》(GB/T 50378—2006)，至今已出现 2014 年、2019 年两个更新版本，《绿色建筑评价标准》(GB/T 50378—2019) 自 2019 年 8 月 1 日起实施，由此可见国家推进实施生态文明战略步伐之快。本书在对国内外绿色建筑设计评价标准、机制和过程进行推介的同时，还着重对绿色建筑室内环境的各种质量标准和把控要点予以分析，以便在绿色建筑室内环境设计与评价中执行和应用。

本书第 3 章绿色建筑室内环境设计表达部分选用的技术图样，由一直关注生态与绿色建筑内外环境设计前沿探究的深圳市汉沙杨景观规划设计有限公司提供。本书在撰写中参考引用的文字、图片和设计案例均在参考文献中列出，但可能还会存在遗漏，在此对相关作者一并表示诚挚的感谢。

生态文明建设是新时期国家一项全新的发展战略，将生态文明建设理论导入绿色建筑室内环境营造更是一个全新的尝试和探索。一本著述的完成实属不易，书中不足之处诚望读者及同仁们给予批评和斧正。

张燕文

2022 年 10 月于武汉华中科技大学韵苑

目　录

第1章 影响绿色人居环境发展的相关理论

绿色人居环境是一种以生态学的基本原理为指导，规划、建设、经营、管理的城乡人居环境。由于绿色意味着生命和生长，又来自于大自然，所以绿色即成为活力与希望的象征而被人们所向往。为此绿色人居环境的意义就可以理解为具有生命与活力的城乡人居环境，它们是具有优化的生存条件和使人们能够在其间可持续健康发展的生活空间。除此之外，绿色人居环境还可理解为自然资源消耗少、能源消耗少、无污染、无公害、具有地方特色的高居住质量、高性能、高生活品位以及具有文化意蕴的环境空间。绿色人居环境作为国家未来长期发展的一种新兴设计理念与实践活动，自然离不开相关理论的指导。

1.1 生态文明建设与人居环境科学

在漫长的人类历史长河中，人类文明的产生和发展具有必然的历史演进轨迹，即从人类的原始文明——→农耕文明——→工业文明——→生态文明，只有在工业文明高度发达的基础上才可能产生现代生态文明。生态文明作为一种崭新的文明形态，以尊重和维护生态环境为主旨，以未来人类的继续发展为着眼点。从宏观视角来看，生态文明要求人们坚持"自然生态优先"的原则，即一切经济社会发展都要依托生态环境为基础，从环境承载力的实际出发，尊重自然，爱护自然，积极改善和优化人与自然的关系，实现人类与自然的协同发展。

1.1.1 生态文明建设的意义

生态文明是人类为保护和建设美好生态环境而取得的物质成果、精神成果和制度成果的总和，它彰显了一个社会的文明进步状态和每一个社会个体的文明素质。生态文明植根于人类社会的原始文明、农耕文明、工业文明的历史文化传统，从人与自然的对立走向人与自然的和谐共荣。

生态文明建设是指人们为实现生态文明而努力的社会实践过程。生态文明建设需要从生态文明的总体要求和当代实际出发，依靠国家政策、政府引导、公众参与、市场力量、科技支撑、体制创新等多种要素的参与，使经济社会发展与环境生态承载力相匹配、相兼容、相促进。建立按照生态系统规律运行发展的经济体系，建立保护生态环境的奖惩机制，建立提高效率、降低消耗、避免污染、有序循环的技术体系，培养健康、简约、朴实、无损生态平衡的消费观念，弘扬公正、高效、和谐、人文的生态文化。改善和优化人与自然、人与人、人与社会间的关系，建设美丽中国，实现永续发展。

坚持和完善生态文明制度体系，促进人与自然和谐共生。在中国共产党十七届四中全会上，生态文明建设即被提升到与经济建设、政治建设、文化建设、社会建设并列的战略高度，也就是说生态文明建设是"五位一体"建设目标的重要组成部分（图1-1）。

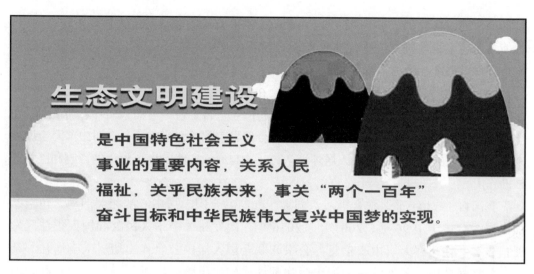

生态文明建设

是中国特色社会主义事业的重要内容，关系人民福祉，关乎民族未来，事关"两个一百年"奋斗目标和中华民族伟大复兴中国梦的实现。

图 1-1　生态文明建设的意义

1.1.2　人居环境问题的提出及理论构建

人居环境问题的产生，主要源于工业文明时代人类对自然大规模的开发与改造，加之工业规模的不断扩大而出现更多的人群聚居，包括城镇和乡村在内的人居环境问题日渐凸显。如何改善人居环境，提高人们的生活水平，成为全球共同关注的热点问题，相关各类研究成果与应用实践更是推动了人居环境科学的形成和发展。

1. 人居环境问题的提出

人居环境研究是 20 世纪中后期在国际上逐渐发展起来，有众多学科共同参与的综合性研究领域。从历史上来看，人居环境研究的学术思想是随着工业革命的发生、城市现代化的发展以及人类对生态环境认识的提高而逐渐形成的，并经历了从片面到全面、从简单到综合的发展过程。

若从世界各国及相关组织对人居环境研究的进程来看，20 世纪 70 年代初联合国教科文组织发起的"人与生物圈计划"，就开始组织世界各国专家从生态学的角度研究人与自然的关系。1976 年联合国在加拿大温哥华召开了第一届联合国人类住区会议（后称 Habitat I，即"人居一"），其主题为 "生态环境——人类社区"。会上发表了《温哥华人类住区宣言》，从而将人类住区建设提高到一个关系到人类健康生存与发展的高度来认识。1992 年联合国在巴西里约热内卢组织召开"联合国环境与发展会议"。在"人居一"召开 20 年之后的 1996 年，联合国又在土耳其的伊斯坦布尔市召开了第二届联合国人类住区会议（人居二）。其主题为"人人享有适当的住房"和"城市化进程中人类住区的可持续发展"。大会通过的《人居议程》（Habitat Agenda）是各国建设人类住区的指导性文件和行动纲领。1992 年和 1996 年的两次会议，世界各国政府首脑纷纷参加，并分别签署了《21 世纪议程》和《人居环境议程：

目标和原则、承诺和全球行动计划》，表明人类已开始关心自身的人居环境建设问题，且使人居环境科学研究从往日少数专家的学术研讨逐步发展成为改进居住建筑、改造城市环境与整个社会的世界性运动。

1999年6月，第20届世界建筑师大会在北京召开，大会议题为"面向21世纪的建筑学"。会议就"建筑与环境"等六个专题内容进行了讨论，而人居环境建设问题在会上更是受到与会代表广泛、深入的探讨。会后发表的《北京宣言》，对中国乃至世界未来人居环境的建设，尤其是人居环境学科建构与设计实践产生了深远的影响和巨大的推动作用。

我国自1971年重返联合国后，即逐步参与联合国人居中心的相关活动。包括参加人居大会，于1996年、2001年、2016年三次发布《中华人民共和国人类住区发展报告》。住建部人居中心信息办公室和联合国人居中心合作出版《人类居住》杂志，并将联合国人居署的一系列出版物翻译成中文出版，增进了我国人民对联合国人居署和世界人居活动的了解。住建部于2000年4月设立"中国人居环境奖"和"中国人居环境范例奖"，该奖每年评选一次，对由各省、自治区、直辖市建设行政主管部门推荐的人居环境项目进行评审，至今已有近千项项目获奖。两院院士、清华大学吴良镛教授及清华大学建筑学院在人居环境科学体系建构方面取得显著成就。1993年，由吴良镛先生等完成的北京旧城菊儿胡同新四合院住宅工程即被联合国人居组授予"世界人居奖"。2001年吴良镛先生专著《人居环境科学导论》由中国建筑工业出版社出版。2015年中国大百科全书总编辑委员会特聘请吴良镛院士担任《中国大百科全书》（第3版）"人居环境科学"（含建筑学、风景园林学、城乡规划学）卷学科主编。同年为响应国家"建设中国特色新型智库"的号召，经吴良镛先生倡议和具体指导，"人居科学院"（Academy of Human Settlements）在清华大学建筑学院成立。

2. 人居环境内涵及其理论构建

人居环境的内涵主要是指人类周围的一切自然要素与社会要素。人居环境也是人类聚居生活的地方，是与人类生存活动密切相关的地表空间，它是人类在大自然中赖以生存的基地，是人类利用自然、改造自然的主要场所。人居环境的核心是"人"，人类建设人居环境的目的是要满足"人类聚居"的需要。按照对人类生存活动的功能作用和影响程度的高低，在空间上，人居环境又可以再分为生态绿地系统与人工建筑系统两大部分。在人居环境建设中，人类的建设活动受到了自然和社会两个方面的影响，人类的理想一直是要实现人与自然的和谐统一。

吴良镛先生在其专著《人居环境科学导论》中把人居环境分为五大系统，即自然系统，人类系统，社会系统，居住系统和支撑系统（图1-2）。

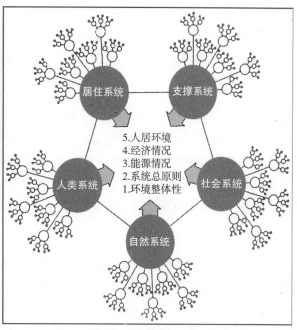

图 1-2　《人居环境科学导论》中构成人居环境系统模型的五大系统

（1）自然系统

自然系统有广义和狭义之分，广义的自然系统是指物质世界的一切系统，既包括非生命系统和生命系统，也包括社会系统和思维系统。狭义的自然系统是指以天然物为要素，由自然力而非人力所形成的系统，也称天然系统。如天体系统、气象系统、生物系统、生态系统、原子系统等。就人居环境而言，其自然系统侧重于与人居环境有关的自然系统的机制、运行原理及理论和实践分析。诸如区域环境与城市生态系统、土地资源保护与利用、土地利用变迁与人居环境的关系、生物多样性保护与开发、自然环境保护与人居环境建设、水资源利用与城市可持续发展等。

（2）人类系统

人是自然界的改造者，又是人类社会的创造者。人类系统主要是指作为个体的聚居者，侧重于对物质的需求与人的生理、心理、行为等有关的机制及原理、理论的分析。按美国社会心理学家亚伯拉罕·马斯洛（Abraham Harold Maslow，1908—1970）人类需求五层次理论，人类具有生理、安全、归属与爱、尊重和自我实现的基本需要。就人居环境而言，其人类系统是人类与生存环境相互作用的网络结构，也是人类对自然环境适应、加工、改造而建造起来的人工系统。

（3）社会系统

社会系统是个庞大的系统，包括国家、地区、城市、公司、家庭等各个层次的子系统。这些子系统也是社会系统，它们虽然属于不同层次、不同类型、不同结构，但是都有相似的功能，每一个社会系统都在不断演化。就人居环境而言，其社会系统主要是指公共管理和法律、社会关系、人口趋势、文化特征、社会分化、经济发展、健康和福利等。而各种人居环境的规划建设，必须关心人的活动，这是人居环境科学的出发点和最终归属。

（4）居住系统

居住系统主要是指住宅、社区设施、城市中心等。居住是人类生活的四大要素之一，人的一生大约有三分之二的时间是在居住空间中度过的，因此居住环境质量的高低对人们的影响是巨大的。就人居环境而言，其居住系统是"有意味的文化实践"，且根植于人类生命现象的发展过程之中。通过指导性的自助方案和社区行动为社会底层的人提供直接帮助，使人人有屋可居，是政府的一项责任。

（5）支撑系统

支撑系统主要是指人类住区的基础设施，包括公共服务设施系统——自来水、能源和污水处理；交通系统——公路、航空、铁路；以及通信系统、计算机信息系统和物质环境规划等。就人居环境而言，其支撑系统是指为人类活动提供支持的、服务于聚落，并将聚落联为整体的所有人工和自然的联系系统，技术支持保障系统，以及经济、法律、教育和行政体系等，它们对其他系统和层次的影响巨大。

以上各个层次的构成应作为一个整体来考虑，以协调一致，达到共同的目标——不断提高人们的生活水平，包括物质和精神生活的需要，以实现人居环境的建设目标。

1.1.3　绿色人居环境的营造

绿色人居环境是一种以绿色发展理念的基本原理为指导，进行规划、建设、经营、管理的城乡人居环境。绿色人居环境观念的提出，以改善人类的生存和生活环境质量为起点，对"美丽中国"构筑中的人居环境建设，意义是非常深远的。

1. 绿色人居环境设计的营造策略

绿色人居环境设计的营造策略即将绿色发展理念纳入具体的工程设计，形成能够贯穿绿色人居环境设计的全生命周期。

全生命周期理念是指系统地评价与一项资产有关的并在其生命期内从获取直到处置所发生的所有相关费用的一种评价方法，可分为使用成本、生命周期成本、全生命周期成本和全生命周期评价四个阶段。全生命周期评价系统考虑所有相关成本并做出有效选择，力图达到产生的总成本在整个生命周期中最低的目标。以全生命周期理念指导绿色人居环境设计，有助于平衡设计过程中的各方利益（经济、政治、社会因素等），体现了绿色人居环境设计的深度，其中会通过有效的技术手段和工具，从策划、设计、施工、运营和维护等过程进行控制和评价。如在策划过程中，通过方案分析和比较，选择投资成本小、性价比高的方案进行深入研究。在设计和施工过程中，合理进行人居环境设计，合理安排用料用材，统筹分配资源，有效控制成本。由此可见，站在全生命周期评价的视角上进行人居环境设计策略的考量及各个环节的探究工作，将有利推进生态文明建设中绿色人居环境的发展。同时，对有效利用自然资源和保护生态系统也能起到促进作用。

2. 生态文明建设中绿色人居环境的建设措施

生态文明建设中的绿色人居环境建设措施，包括以下内容：

1）建设的方针和立场，即需建立绿色发展和可持续发展的观念，树立生态系统和区域协调意识，以 3R 原则（减量化原则 Reduce，再使用原则 Reuse 和再循环原则 Recycle）全面引领绿色人居环境的建设和运行工作。

2）建设的政策和行为，即需制定明确的绿色发展计划，聆听百姓的意见反馈，实行公众参与规划建设的方法，建立区域协作与组织合作机制，从政策上推广全民参与的绿色人居环境建设活动。

3）建设的环境工程措施，就是要维持土地的清洁使用，合理利用废弃土地，缩减对土地的占用；保护自然遗产保护生态区，提倡生态多样性及提高城市绿化水平；提倡各种节能措施的使用，如可再生能源、清洁能源的利用，对生产过程中的废水排放采取有效治理，对雨水和污水收集利用，保障中水供应；建设人工湿地、海绵城市和雨水花园，对城乡人居环境进行智能化管理，使用新型节能环保建筑材料；提倡垃圾分类回收和堆肥措施处理有机废物，以及已处理垃圾的回收再利用；做好旧城、旧建筑的改造工作。

4）建设的经济措施，即要推广全民参与绿色生产活动，减少生产过程中的废物排放；多生产可重复利用的产品，减少包装等产生的二次污染，并提供人人都可受益的经济激励手段，加强绿色人居环境建设的职业培训。

5）建设的社会措施，即举办针对绿色人居环境建设的社会宣传活动，提倡公交出行、保护行人安全；提倡自行车出行和生产、生活中的空间共享及资源共享，注重文化遗产保护和传统绿色人居环境建设理念的传承；处理好资源的循环利用和生活待遇方面的社会公平，建立专门的绿色人居环境建设研究、咨询和实施机构，推动生态文明建设中绿色人居环境建设的有序发展。

3. 生态文明建设中绿色人居环境的营造任务

生态文明建设中绿色人居环境营建，归纳来看包括以下几个方面的任务：

（1）主体构建

要确立人类发展的合理价值目标，造就具有高度责任感的发展主体。"美丽中国"构筑中绿色人居环境营建是一项关系人民群众福祉和根本利益、关系民族振兴和国家长远发展的庞大系统工程。在主体构建层面一是需建设理性政府，二是要塑造责任企业，三是应培育新型公民。确立人与自然和谐相处的生活方式、行为方式与消费模式。

（2）科技支持

科学技术是节约资源和保护环境的重要手段。实际上，技术进化的必然性、可选择性以及技术的社会选择的理智性，都是人类摆脱技术负效应的基本前提，是"美丽中国"

构筑中绿色人居环境营建保护生态环境的重要保证。只有依靠科学技术，才能提高目前国内有限资源的利用率，提高国家生态环境的承载力，实现绿色人居环境营建中经济效益、社会效益和环境效益的统一。同时，积极推进绿色、循环与低碳发展，实现人口、资源、环境协调，推进美丽中国的建设。

（3）制度安排

制度建设是当前"美丽中国"构筑中绿色人居环境营建重中之重的工作，在制度安排层面一是需建立工作机制；二是要建立健全考评体系；三是应完善法律支撑。为适应"美丽中国"构筑中绿色人居环境营建需要，必须加强环境立法工作，建立起比较完善的、适合我国国情的现代环境保护法律体系，构建起环境监管的长效机制。

（4）人居艺境

"美丽中国"构筑中绿色人居环境营建是科学、人文、艺术的综合创造，未来的发展应当超越学科的边界，探索其新的境界，形成"大科学＋大人文＋大艺术"的发展系统，走出一条科学、人文、艺术等相互融合之路，创造有中国特色的绿色"人居艺境"的环境空间场所，实现政治、经济、社会、人文、生态、交通、建筑、规划、景观、能源、经济等的持续发展，直至追求合乎时代发展需要的本土绿色人居环境营建之"范式"。

显然，在生态文明建设理念的指导下，绿色人居环境的营造一定能实现"给自然留下更多修复空间，给农业留下更多良田，给子孙后代留下天蓝、地绿、水净的美好家园"的美好愿景。

1.2 可持续发展理论

1.2.1 可持续发展理论解读

可持续发展作为一个全新的理论体系，各个学科从各自的角度对其进行了阐述，虽未形成一致的解读定义和公认的理论模式，但其基本含义和思想内涵却是相同的。

1. 可持续发展的定义

对可持续发展概念的界定，不同的学术机构与流派等对相关问题各有侧重，有着重从自然属性来界定，认为可持续发展就是保护和加强环境系统的生产和更新能力；有着重从社会属性来界定，认为可持续发展就是在不超出生态系统涵容能力的情况下提高人类的生活质量；有着重从经济属性来界定，认为可持续发展就是在保持自然资源的质量和其所提供服务的前提下，使经济发展的净收益增加到最大限度；有着重从科技属性来界定，认为可持续发展就是建立极少产生废料和污染物的工艺或技术系统等。

1987 年，在日本东京召开的第八次世界环境与发展委员会上通过的《我们共同的未来》报告中，正式提出了"可持续发展"的概念："既能满足当代人的需求，又不对后代人满足其自身需求的能力构成危害的发展。"这一概念在 1989 年联合国环境规划署（UNEP）第 15 届理事会通过的《关于可持续发展的声明》中得到接受和认同。即"可持续发展是指在不超出生态环境承载能力的前提下，满足当前的需求，又不削弱子孙后代满足其需要之能力的一种发展观念。它谋求经济可持续性、社会可持续性和生态环境可持续性，并且使三者高度民主统一。"可见，可持续发展的核心思想是："健康的经济发展应建立在生态可持续能力、社会公正和人民积极参与自身发展决策的基础上。它所追求的目标是：既要使人类的各种需要得到满足，个人得到充分发展，又要保护资源和生态环境，不对后代人的生存和发展构成威胁。它特别关注的是各种经济活动的生态合理性，强调对资源、环境有利的经济活动应给予鼓励，反之则应给予抛弃。在发展指标上，不单纯用国民生产总值作为衡量发展的唯一指标，而是用社会、经济、文化、环境等多项指标来衡量发展。这种发展观较好地把眼前利益与长远利益、局部利益与全局利益有机地统一起来，使经济能够沿着健康的轨道发展。"

2. 可持续发展的内涵

1992 年 6 月在巴西里约热内卢召开联合国环境与发展大会（UNCED）发表的《里约宣言》中强调："为实现可持续发展，环境保护应当是发展进程的一个整体部分，不能脱离这一进程来考虑。"因此，可持续发展是一种立足于环境和自然资源角度提出的关于人类长期发展的战略和模式，它具有十分丰富的内涵：

（1）可持续发展鼓励经济增长

可持续发展不否定经济增长（尤其是落后国家的经济增长），必须通过经济增长提高当代人的福利水平，增强国家实力和社会财富。可持续发展不仅要重视经济增长的数量，更要追求经济增长的质量。这就是说经济发展包括数量增长和质量提高两部分。数量的增长是有限的，而依靠科学技术进步，提高经济活动中的效益和质量，采取科学的经济增长方式才是可持续的。因此，可持续发展要求重新审视如何实现经济增长。要达到具有可持续意义的经济增长，必须审计使用能源和原料的方式，改变传统的以"高投入、高消耗、高污染"为特征的生产模式和消费模式，实施清洁生产和文明消费，从而减少每单位经济活动造成的环境压力，将生产方式从粗放型转变为集约型，研究并解决经济上的扭曲和误区。既然环境退化的原因存在于经济过程中，其解决方法也应该从经济过程中去寻找。

（2）可持续发展的标志是资源的永续利用和良好的生态环境

经济和社会发展不能超越资源和环境的承载能力。可持续发展以自然资源为基础，同生态环境承载能力相协调。它要求在严格控制人口增长、提高人口素质和保护环境、资源永续利用的条件下进行经济建设，保证以可持续的方式使用自然资源和环境成本，使人类的发展控制在地球的承载力之内。可持续发展强调发展是有限制条件的，没有限制就没有可持续发展。要实现可持续发展，必须使自然资源的耗竭速率低于资源的再生速率或替代品的开发速率，要鼓励清洁工艺和可持续消费模式，使每单位经济活动的废物数量尽量减少。通过转变发展模式，从根本上解决环境问题。如果经济决策中能够将环境影响全面系统地考虑进去，这一目的是能够达到的。但如果处理不当，环境退化和资源破坏的成本就非常巨大，甚至会抵消经济增长的成果而适得其反。

（3）可持续发展的目标是谋求社会的全面进步

可持续发展以提高生活质量为目标，同社会进步相适应。"经济发展"的概念远比"经济增长"的含义更广泛。经济增长一般定义为人均国民生产总值的提高，经济发展则必须使社会和经济结构发生进化，使一系列社会目标得以实现。因此发展不仅仅是经济问题，单纯追求产值的经济增长不能体现发展的内涵。

可持续发展的观念认为，世界各国的发展阶段和发展目标可以不同，但发展的本质应当包括改善人类生活质量，提高人类健康水平，创造一个保障人们平等、自由、教育和免受暴力的社会环境。这就是说，在人类可持续发展系统中，经济发展是基础，自然生态保护是条件，社会进步才是目的。而这三者又是一个相互影响的综合体，只要社会在每一个时间段内都能保持与经济、资源和环境的协调，这个社会就符合可持续发展的要求。显然，在21世纪里，人类共同追求的目标，是以人为本的自然——经济——社会复合系统的持续、稳定、健康的发展。

（4）可持续发展的实施需要适宜的政策和法律体系为保证

可持续发展的实施以适宜的政策和法律体系为条件，强调"综合决策"和"公众参与"。需要改变过去各个部门封闭地、分割地、"单打一"地分别制定和实施经济、社会、环境政策的做法，提倡根据周密的社会、经济、环境考虑和科学原则、全面的信息及综合的要求来制定政策并予以实施。可持续发展的原则要纳入经济发展、人口、环境、资源、社会保障等各项立法及重大决策之中。

3. 可持续发展的基本原则

（1）公平性原则

所谓公平是指机会选择的平等性。可持续发展的公平性原则包括两个方面：一是本代人的公平即代内之间的横向公平。可持续发展要满足所有人的基本需求，给他们机会以满足他们要求过美好生活的愿望。当今世界贫富悬殊、两极分化的状况完全不符合可持续发展的原则。因此，要给世界各国以公平的发展权、公平的资源使用权，要在可持续发展的进程中消除贫困。各国拥有按其本国的环境与发展政策开发本国自然资源的主权，并负有确保在其管辖范围内或在其控制下的活动，不致损害其他国家或在各国管理范围以外地区的环境责任。二是代际间的公平即世代的纵向公平。人类赖以生存的自然资源是有限的，当代人不能因为自己的发展与需求而损害后代人满足其发展需求的条件——自然资源与环境，要给后代人公平利用自然资源的权利。

（2）持续性原则

可持续发展有着许多制约因素，其主要限制因素是资源与环境。资源与环境是人类生存与发展的基础和条件，离开了这一基础和条件，人类的生存和发展就无从谈起。因此，资源的永续利用和生态环境的可持续性是可持续发展的重要保证。人类发展必须以不损害支持地球生命的大气、水、土壤、生物等自然条件为前提，必须充分考虑资源的临界性，必须适应资源与环境的承载能力。换言之，人类在经济社会的发展进程中，需要根据持续性原则调整自己的生活方式，确定自身的消耗标准，而不是盲目地、过度地生产、消费。

（3）共同性原则

可持续发展关系到全球的发展。尽管不同国家的历史、经济、文化和发展水平不同，可持续发展的具体目标、政策和实施步骤也各有差异，但是，公平性和可持续性则是一致的。并且要实现可持续发展的总目标，必须争取全球共同的配合行动。这是由地球的整体性和相互依存性所决定的。因此，致力于达成既尊重各方的利益，又保护全球环境与发展体系的国际协定至关重要。正如《我们共同的未来》报告中写的"今天我们最紧迫任务也许是要说服各国，认识回到多边主义的必要性""进一步发展共同的认识和共同的责任感，是这个分裂的世界十分需要的"。这就是说，实现可持续发展就是人类要共同促进自身之间、自身与自然之间的协调，这是人类共同的道义和责任。

4. 可持续发展的实施

为了推进可持续发展战略的实施，世界上许多国家都积极采取行动，相继制定出适合本国国情的规划和政策，有的制定了本国 21 世纪议程，并成立了专门的可持续发展委员会，几乎所有的国际组织都对可持续发展做出了反应。这一切充分体现了国际社会对可持续发展的重视。从目前各国推行可持续发展战略的实际情况看，发展水平不同的国家，其贯彻可持续发展的侧重点和追求的目标均不一样，但是他们在设立机构、制定政策等方面都取得了相当的进展，在执行可持续发展的法律法规、公众参与等方面也做出了积极努力。

可持续发展理论是人类社会发展的产物，它体现了对人类自身进步与自然环境之间关系的反思。

1.2.2　可持续发展与绿色人居环境建设

从绿色人居环境建设来看，"可持续发展观"的导入，其主要目的在于进行人居环境建设时能将可持续发展的观念纳入具体的工程设计中予以重点考虑，以使其基本原则能贯穿人居环境建设的全生命周期（图 1-3）。而进行可持续发展的绿色人居环境建设，其研究主要包括"灵活高效""健康舒适""节约能源""保护环境"四个方面的内容，其中可持续发展思想把保护生态环境作为发展经济的前提和首要任务，认为未来世纪的经济是一种生态经济：农业是既能增产又能保护环境的可持续发展农业；工业是既能生产更多、更好产品又能保护环境的可持续发展工业；绿色设计与建设也应该提供优质、节能又融于自然的人居环境。

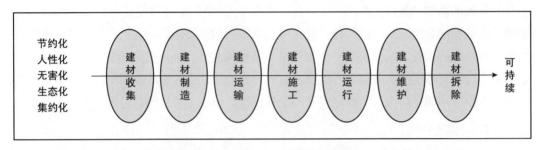

图1-3　可持续建筑与绿色人居环境建设的基本原则贯穿工程设计的整个过程

此外，人居环境建设主要依赖自然界提供能源和资源，同时又是社会、经济、文化的综合反映，与自然、社会环境休戚相关。人居环境建设的可持续发展，要求在其设计和营造进程中能以可持续发展理论为指导，结合所处人居环境的地域、资源、经济文化优势，制定出符合"四节一保"（节能、节地、节水、节材、环保）的方案，不断提高环境的生态品质，提高人居环境的建设品质。绿色人居环境的建设理念应以人为本，创建健康、无害、舒适的环境；加强资源节约与综合利用，保护自然资源；因地制宜，充分利用自然条件；注重效率和整体设计。这些理念正是为实现保护生存环境、优化资源配置的目标而提出的。

步入当代，对"可持续发展"理论的导入不应仅仅停留在绿色设计层面，还可进一步引申到人居环境建设文化的持续发展等层面来考虑，即如何使我国优秀的绿色人居环境建设文化理念能在走向未来的征程中得到延续，直至发扬光大。当然，这种延续不是复古和照搬，而是真正能让优秀的人居环境建设文化精神在现代设计中得以持续发展。这是"可持续发展观"导入绿色人居环境建设的本质所在，也是走向未来的设计师们应该高度重视的理论与实践相结合的研究课题。

总之，我们要综合地、全面地看待"可持续发展观"导入人居环境建设的意义，正确处理设计与人文、技术、经济、社会与环境等各种矛盾关系，并确立可持续发展观在具体设计中的地位和作用，努力探索其发展趋势，以有效地推进可持续发展观念在人居环境建设中的应用，直至获得良好的经济效益、社会效益和环境效益。

1.3　循环经济理论

1.3.1　循环经济理论解读

人类对于自身生存环境的关注以及生活质量提高的迫切需求导致了循环经济思想的萌生。工业革命以来，人类在创造巨大物质财富的同时，也付出了巨大的资源和环境代价。在推进工业化的初期，人类还没有深切体会到自然资源供给和环境容量的有限性。随着人口的持续增加，经济规模的不断扩大，传统的生产模式带来资源短缺、环境污染、生态破坏，人类迫切需要重新审视自己对于自然与发展的思想和价值观念，急需探索出一种全新的能够兼顾经济发展与生态平衡的发展模式。

1. 循环经济的定义

循环经济一词最早是由美国经济学家波尔丁在 20 世纪 60 年代所提出的，之后由英国的经济学家皮尔斯和图纳在 1990 年版的《自然资源和环境经济学》一书中正式提出。如果从循环经济的字面意思来看，大致可以理解为人类的经济生活和经济生产活动应该遵循能量守恒和转化定律，在生产、分配、交换、消费四大领域里实现闭路、螺旋式的反复与上升。然而，世界银行 2004 年一篇题为《循环经济—— 一种解释》的报告中认为，循环经济是很难被确切定义的。因此，目前关于循环经济的定义错综复杂，即使针对每个学者，也可能因为其研究领域的变化或者思考角度的不同而呈现出不同的定义。

《中华人民共和国环境促进法》对循环经济的定义是"循环经济是指在生产、流通和消费等过程中进行的减量化、再利用、再循环（即 3R 原则）活动的总称"。

而循环经济有广义和狭义之分，"狭义的循环经济"主要是指废物减量化和资源化，相当于"垃圾经济""废物经济"范畴。广义的循环经济覆盖所有社会经济活动，包括生产方式、消费方式、社会制度、观念文化等。可以看出，"广义循环经济"所指的用于循环的资源要比"狭义循环经济"所指的宽泛得多。倡导和推进循环经济，不应局限于狭义的范畴。

目前，人们公认国家发改委的定义："循环经济是一种以资源的高效利用和循环利用为核心，以'减量化、再利用、资源化'为原则，以低消耗、低排放、高效率为基本特征，符合可持续发展理念的经济增长模式；是对'高开采、高利用、高排放'的传统经济增长模式的根本变革。"（图 1-4）。循环经济本质上是一种生态经济，是可持续发展理念的具体体现和实现途径。循环经济要求遵循生态学规律和经济规律，合理利用自然资源和环境容量，以"减量化、再利用、资源化"为原则发展经济，依据自然生态系统物质循环和能量流动规律重构经济系统，使经济系统纳入自然生态系统的物质循环过程之中，实现经济活动的生态化，以便建立与

图 1-4　循环经济的定义

生态环境系统的结构和功能相协调的生态型社会经济系统。此定义指出了循环经济的核心、原则、特征，认为循环经济是符合可持续发展理念的经济增长模式，抓住了我国资源问题的症结，为解除资源对经济发展的制约提供了基本途径。

传统经济是一种资源——产品——废物排放——环境污染的单项式（线性）流程，在线性经济模式中，资源开采、产品制造、物品消费的每一个环节都有废物排放，而且，从资源开采到产品制造、产品制造到物品消费均有废物污染，而这些废弃物都是排放到有限的自然环境之中。我们只有一个地球，地球不可能提供这么多自然资源，地球不可能承载这么多废弃物。因此，必须转向循环经济（图1-5）。

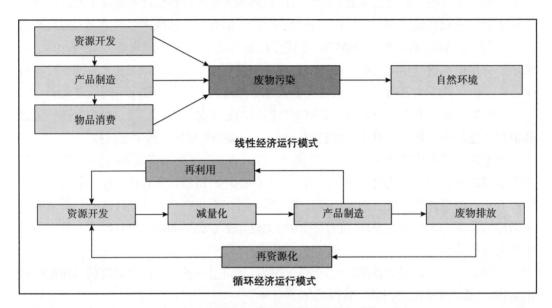

图1-5 从线性经济运行模式向循环经济运行模式转向

循环经济是"资源——产品——再生资源"的闭合式流动，其核心是实现物质在这样一个闭合里面的循环利用，它要求人类的经济活动要遵循自然生态的规律，将人类的生产和自然组织成一个物质反复循环流动的大系统，实现整个经济系统在生产和消费的过程中基本上不产生或者只产生极少的废弃物。循环经济的核心理念要求在经济发展过程中做到资源、产品、再生资源三者平衡兼顾，从而根本上消解不断尖锐的发展与环境保护之间的矛盾。

可见，循环经济是以资源的高效利用和循环利用为目标，以"减量化、再利用、资源化"为原则，以物资闭路循环和能量梯次使用为特征，按照自然生态系统的物资和能量流动的方式运行的经济模式。

2. 循环经济的内涵

循环经济本质上是一种生态经济，低开采、高利用、低排放成为其主要特征。物质和能量在整个生产过程中得到了最合理的处理与利用，并将其产生的废物与污染减少到最低，进而实现把经济子系统融入生态经济大系统，使二者能够和谐友好地互动，实现可持续发展。

循环经济所倡导的是一种与环境和谐的经济发展模式。它要求把经济活动组成一个"资源——产品——废弃物——再生资源"的反馈式流程。循环经济是符合可持续发展理念的经济增长模式，是对"大量生产、大量消费、大量废弃"的传统增长模式的根本变革。

3. 循环经济的原则

（1）循环经济的 3R 原则

循环经济的根本目的是要求在经济流程中尽可能减少资源投入，并且系统地避免和减少废物排放量，而废弃物再生利用只是减少废物最终处理量。所谓"3R 原则"，即减量化（Reduce）原则、再使用（Reuse）原则和再循环（Recycle）原则，它是循环经济活动的行为准则。

（2）循环经济其他原则

1）经济成本原则。循环经济首先是经济，是建立在物质、能量以及排放、废弃物流动基础上的、是有时空概念的经济，也是有成本概念的经济。发展循环经济一般包括：一是经济结构生态化重构，选择最优路径，优化产业布局，减少低水平的重复建设；二是非物质化，以服务代替产品的消费，发展功能性经济；三是废弃物交换应以成本为原则，既要研究物质循环，又不能忽视价值规律，使技术链和价值链有机统一。要求在经济上合理、技术上可行，系统优化，使投入有合理的经济回报。

2）生态效率原则。生态效率的概念一般是指资源投入、经济产出和环境排放的相互比例关系。生态效率包含五大元素：一是物质，指的是该系统提供预期功能的生命周期内所消耗的原材料、燃料和效用的总和；二是能源，该系统提供预期功能的生命周期内的全部能耗；三是涉及环境质量与人体健康的一切方面；四是材料利用率，通过工业和产品的再循环性的设计来提高资源循环利用；五是涉及产生的有效寿命和功能延长，特别是使用阶段的耐用性和服务寿命及功能扩展等。

3）环境友好原则。通过能源削减和就地再循环，避免和减少废弃物的产生和排放或毒性污染。采用面向环境友好设计的新理念，通过革新生产工艺，改变产品的特性、优化物品的性能和延长产品的使用寿命，减少废弃物的产生和污染物的排放。同时，在社会消费中更多地提供服务产品，以减少物质产品的使用量。

1.3.2　循环经济的主要理念

1. 新的系统观

循环经济与生态经济都是由人、自然资源和科学技术等要素构成的大系统。要求人类在考虑生产和消费时不能把自身置于这个大系统之外，而是将自己作为这个大系统的一部分来研究符合客观规律的经济原则。要从自然—经济大系统出发，对物质转化的全过程采取战略性、综合性、预防性措施，降低经济活动对资源环境的过度使用及对人类所造成的负面影响，使人类经济社会的循环与自然循环更好地融合起来，实现区域物质流、能量流、资金流的系统优化配置。

2. 新的经济观

新的经济观就是用生态学和生态经济学规律来指导生产活动。经济活动要在生态可承受范围内进行，超过资源承载能力的循环是恶性循环，会造成生态系统退化。只有在资源承载能力之内的良性循环，才能使生态系统平衡地发展。循环经济是用先进生产技术、替代技术、减量技术和共生链接技术以及废旧资源利用技术、"零排放"技术等支撑的经济，不是传统的低水平物质循环利用方式下的经济。要求在建立循环经济的支撑技术体系上下功夫。

3. 新的价值观

在考虑自然资源时，不仅视为可利用的资源，而且是需要维持良性循环的生态系统；在考虑科学技术时，不仅考虑其对自然的开发能力，而且要充分考虑到它对生态系统的维系和修复能力，使之成为有益于环境的技术；在考虑人自身发展时，不仅考虑人对自然的改造能力，且更重视人与自然和谐相处的能力，促进人的全面发展。

4. 新的生产观

新的生产观就是要从循环意义上发展经济，用清洁生产、环保要求从事生产。它的生产观念是要充分考虑自然生态系统的承载能力，尽可能地节约自然资源，不断提高自然资源的利用效率。并且是生产的源头和全过程充分利用资源，使每个企业在生产过程中少投入、少排放、高利用，达到废物最小化、资源化、无害化。上游企业的废物成为下游企业的原料，实现区域或企业群的资源最有效利用。并用生态链条把工业与农业、生产与消费、城区与郊区、行业与行业有机结合起来，实现可持续生产和消费，逐步建成循环型社会。

5. 新的消费观

提倡绿色消费，也就是物质的适度消费、层次消费，是一种与自然生态相平衡的、节约型的低消耗物质资料、产品、劳务和注重保健、环保的消费模式。在日常生活中，鼓励多次性、耐用性消费，减少一次性消费，而且是一种对环境不构成破坏或威胁的持续消费方式和消费习惯。在消费的同时还考虑到废弃物的资源化，建立循环生产和新的消费观念。

1.3.3　循环经济与绿色人居环境建设

人居是社会的细胞，是人类生存与发展的基础，创建舒适健康的人居环境，是人类追求绿色生态文明建设的理想目标。将循环经济理论引入绿色人居环境建设，无疑是将其从人类的生产活动拓展至生活活动领域，人类生活是人类生产的前提和基础，生产过程的循环经济理念和生活过程的循环经济理念相互关联，相互作用，相得益彰。人类只有在两大领域建立循环经济理念，才能充分显示人的思想观念和行为观念中的循环经济理念的完全确立。

衣食住行用玩是人类生存与发展的基础条件，人居环境品质的好坏直接体现出了人类生存、发展的水平，也折射出人类生存、发展的观念。人类谋求发展的一个重要目标，就是不断追求生活水平和生存质量的提高，也就包括人居环境质量的改善。人居环境质量直接关系到人类健康水平，从而直接影响到人类生存、发展水平，直接影响到人的全面协调可持续发展，直接影响到整个经济社会的全面协调可持续发展。因此，我们运用循环经济理念、运用生态规律抓住人居环境的改善，就是抓住了人们生活方式改善的基点，抓住了人类整个经济活动的关键，通过建立新型的生活方式模式，使所有的物质、能源、信息要在循环网络中得到合理利用，从而把以经济活动为主的人类活动对自然环境的影响控制在最优的范围内。

好人居环境是人的生存权、健康权和发展权的强力保障，要实现经济社会的全面协调可持续发展，前提条件是人居环境建设的全面协调和持续发展。为此，运用循环经济理论，进行绿色人居环境建设的策略包括以下内容：

首先，应该创建节能降耗，资源利用率高的人居环境。长期以来，人居环境建设中能耗占总能耗的比率居高不下，这使节能降耗成为一项十分紧迫的任务摆在我们面前。据欧洲建筑师协会测算，建筑能耗占用了整个社会中能耗的50%。消耗了50%的水资源，40%的原材料，并对80%的农地减少量负责。同时，50%的空气污染、42%的温室气体效应、50%的水污染、48%的固体废弃物和50%的氟氯化物均来自于建筑。因此，无论是能源、物质消耗，还是污染的产生，建筑都是问题的关键所在。为此对中国城市人居环境来说，由传统高消耗型发展模式转向高效型发展模式势在必行。推进节能降耗，提升资源利用效率正是实施这一目标的必由之路。在绿色人居环境建设中需做的工作一是节能、节水、节材、节地，减少资源消耗，实现以最少的资源消耗创造最大的经济效益；二是对生产过程中产生的废气、废渣、废水，建筑和农业废弃物及生活垃圾进行综合利用；三是对生产和消费过程中产生的各种废旧物资进行回收利用，如图中案例（图1-6）。

图1-6 格林美（荆门）循环产业园是湖北省生态文明建设示范基地

其次，进行绿色人居环境建设，应坚持 3R 材料（Reduce、Reuse、Recycle）使用，并充分考虑资源的重复利用。节约能源不仅包括节约不可再生能源和利用可再生洁净能源，还涉及节约资源（建材、水等），减少废弃物污染（如空气污染、水污染等）以及材料的可降解和循环使用，营建出节约型人居环境。

再者，进行绿色人居环境建设要注重改善生活方式，提升健康水平。在绿色人居环境建设中必须强化整个社会的环境保护，运用循环经济理论，通过生活系统内部相互关联、彼此叠加的物质流循环和能量流转换，最大限度地利用进入系统的物质和能量，实现"低开采、高利用、低排放"的可持续发展的目标。从绿色人居环境来看，即需提供舒适、卫生、有益于人体健康的空间场所，人们生活、工作等建筑及其内外环境应具备良好的日照、通风、采光条件，以实现人居环境建设的健康目的。

此外，进行绿色人居环境建设还应大力发展环保产业，为循环经济发展提供物质技术保障。发展环保产业要在重点开发污染治理技术与装备的同时，更加重视开发减量化、再利用和再循环技术与装备，在大力发展污染防治装备制造业的同时，加快发展再生资源产业开发，使环保产业成为循环经济发展新的经济增长点。直至建设成为经济循环型、环境友好型、人居健康型、资源节约型的绿色人居环境来。

1.4　生态消费理论

人类社会发展的动力就是消费，消费在整个人类文明进程中扮演着重要角色，实现着人与生态系统的物质交换。在工业社会中，无节制的消费给人们赖以生存的生态环境带来了灾难性的后果。资源危机与生态危机迫在眉睫，人类不得不找出并解决问题根源所在，维护人类与自然间的生态消费平衡。

1.4.1　生态消费理论解读

随着社会生产的不断进步，人们的消费需求由低向高档次递进，由简单稳定向复杂多变发展，这种消费需求上的变化从一个侧面反映了经济社会的发展。生态消费是一种既符合物质生产的发展水平，又符合生态生产的发展水平，既能满足人的消费需求，又不对生态环境造成危害的一种消费行为，也是一种符合人类可持续发展的消费行为。

1. 生态消费的基本含义

所谓生态消费是指以维护生态平衡为前提，在满足人的基本生存和发展需要的基础上适度、绿色、可持续及全面的消费模式。生态消费是一种着眼于生态需要、立足于生态环境、以生态产业为支撑、以生态文化为精髓的消费方式（图 1-7）。生态消费不但能满足当代人的生产和生活对生态、资源、环境消费的安全，而且还能够满足子孙后代对生态、资源、环境消费的安全，是 21 世纪人与自然和谐统一的生产和生活方式中的主要消费模式。生态消费同可持续消费、绿色消费，适度消费、循环消费等既有联系，又有区别。生态消费是一种在更开阔的视野、更高层次上的科学的消费方式，具体表现在：消费品本身是生态型的，其特征是持久耐用，可回收，易处理；消费品的来源是生态型的，包括生产用的原材料、生产工艺以及生产过程等。消费过程是生态型的，在对消费品的使用过程中，不会对周围环境造成伤害；消费结果是生态型的，消费品使用后不会产生大量的短期内难以处理、对环境造一成压力与破坏的消费残存物。

图 1-7　生态消费图标

2. 生态消费的主要特征

与其他消费模式相比，生态消费的主要特征表现在以下层面：

（1）适度性

生态消费的适度性是指其消费不仅要与个人收入状况相适应，而且要与经济的发展水平以及地球资源的承受能力相适应。

（2）持续性

生态消费也是一种持续性的消费模式，它具有满足不同代际间人的消费需求的要求与功能，这种代际间人的消费需求，即强调代际间消费的公平性，这种公平既包括代内公平，又包括代际公平。前者主要是指的是一个国家或地区的消费不能损害其他国家或地区的利益；后者主要是指的是当代人的消费不能以损害后代人的生存和发展为代价，要保证后代人在利用各种资源以满足自身需求方面，与当代人享受相等的权利。

（3）全面性

生态消费的全面性是指一种包含人的多方面消费行为的消费模式，或者说这种消费模式能满足人的多方面的需求，如物质需求、精神需求、政治需求、生态需求等。其消费强调人类需求的多样性和人性的丰富性，注重消费结构和消费方式的变革与优化。它反对传统消费中对人的本质、人性理解的单一化与片面化，倡导和实施人的物质消费需要和精神消费需要的紧密结合。

1.4.2　生态消费的模式构建

生态消费是指建立在人与自然、经济、社会协调发展基础上的消费模式，无论是消费主体，还是消费客体，无论是消费结果还是消费过程均具有生态化的特性。构建生态消费的模式即是一种有利于促进人与环境和谐统一、共同生息、共同繁荣的新的消费系统（图 1-8）。构建生态消费的模式应做的工作主要包括以下内容：

图 1-8 构建生态消费的模式

1. 建设生态消费文化，提升民众生态意识

在生态文明建设不断推进的同时，更要将生态文明建设融入文化建设中去，打造生态消费文化。让生态消费文化去带动人们的自发性生态消费行为，在自助消费的同时更多地关注生态与持续发展，摒弃原先的落后的错误的消费模式，自觉选择生态文化产品，形成生态消费市场，摆脱"重自我，轻生态"的消费观念。并通过建设生态消费文化能够有效地提升人们的消费品位，使之在潜移默化中实现人与自然的和谐共处。

2. 健全市场法律法规，形成市场管理系统

为实现全新的生态消费模式的构建，除了消费者自身的努力外，尚需健全市场法律法规，以形成科学完备的市场管理系统。为了使生态消费的意识深入人心，使消费者摆脱"重自我，轻生态"的旧观念，市场走向绿色与持续发展，完备其市场的法律法规管理系统是必不可少的。借法律的约束性，一可使企业在生产经营中自觉承担社会责任，提高资源的利用效率，确立新的成本观；二可保障消费者的消费行为和消费权益，在无形中保持和提高生态消费原动力的持续稳定与平衡。

3. 建设生态消费结构，实现绿色健康消费

生态消费要求企业应积极引进先进技术，打造生态消费结构，促进产业优化升级。并加快形成低耗、高效、绿色、创新产业体系的步伐，建立与生态消费结构相适应的产品结构，可通过绿色设计减少资源消耗，降低生产成本，推动企业既符合物质生产的发展水平，又符合生态生产的发展水平，既能满足人的消费需求，又不对生态环境造成危害的绿色过程管控要求。此外，在生态消费当中还需贯穿绿色、健康、环保等消费观念，以有效利用自然资源及开发新能源为出发点，运用绿色技术手段开拓人们的绿色消费空间以及消费能力，促进生态产业的发展，并培养人们崇尚绿色自然、追求健康消费观念的形成，达到人与自然和谐共处。

1.4.3 生态消费理论与绿色人居环境建设

今天在国家进行生态文明建设推动下，人们抛弃传统消费行为，生态消费观念得以

觉醒，从而促使人们现代理性化消费行为的逐步形成（图 1-9）。而生态消费不仅包括绿色产品，也包括生态消费理论在人居环境建设中引入后出现的消费模式转变，它需从三个层面予以探索：

政策
- 十三五规划提出创新、协调、绿色、开放和共享的发展目标
- 2016年2月发改委等部委发布《关于促进绿色消费的指导意见》

经济
- 过去经济高速发展以牺牲环境为代价，环保问题受到广泛关注
- 2015年人均GDP达8016美元，对健康、环保、可持续发展的关注度上升

社会
- 受教育水平提升，绿色消费意识提升
- 绿色环保理念从娃娃抓起，通过孩子影响家长

技术
- 互联网有助于信息透明，消费者主权崛起
- 新能源、新材料、新技术推动绿色产品与服务发展

图 1-9　走入公众视野的生态消费观念构建

1）倡导在人居环境消费中，摒弃高消费的陋习，建立起以低物质消耗换取高生活质量、综合最优的生态消费模式。注重选择未被污染或有助于公众健康的绿色产品、设备与用材等，包括运用绿色设计、工艺及施工方式营造空间环境氛围。在绿色人居环境建设的设计、建造过程中，应注重其建筑及其内外环境的和谐性，多用地方建材、设备和环保产品。建造中需重视具有浓郁地域特色的形式及结构，使建筑及其内外环境能够适应所处地区的气候、环境和社会环境条件，并满足消费者在人居环境消费中追求个性化、舒适性等方面的需求，做到"以人为本"。

2）转变在人居环境消费中消费观念，崇尚自然、追求健康，追求生活舒适的同时，注重环保，节约资源和能源，实现人居环境的持续消费。在绿色人居环境建设中，应突出建筑及其内外环境的自然通风、天然采光、门窗隔热、墙体保温、智能空调、太阳能利用、水循环使用和"3R"（Reduce、Reuse、Recycle）资源利用等"生态技术"的推广应用，以实现建筑及其内外环境本身不消耗或少消耗常规能源、不产生或少产生废水废物、不无故浪费自然资源和不恶化自然环境的目标。这一特点符合生态消费观念在人居环境建设中的理性消费需求，即追求在其生命周期的消费效用最大化、消费费用最小化，以营造出的人、建筑与自然协调、平衡的人居环境。

3）在人居环境消费过程中，注重对其生活、工作等活动中能源的有效利用、产生废弃物品的合理处置，不造成环境污染，且做到对生存环境、物种环境的保护等。可见，生态消费倡导的重点即是"绿色生活，环保选用"，直至培育、创造人居环境向着绿色文明和绿色生活方式发展的征程前行。

1.5 健康中国理念

健康是促进人类社会全面发展的必然要求，也是经济社会持续发展的前提条件，是民族昌盛和国家富强的重要标志，更是整个人类的共同追求。所谓健康是指一个人在身体、精神和社会等方面都处于良好的状态。传统的健康观是"无病即健康"，现代人的健康观即是整体健康。根据"世界卫生组织"的解释：健康不仅指一个人身体有没有出现疾病或虚弱现象，而且是指一个人生理上、心理上和社会上的完好状态，这就是现代关于健康的较为完整的科学概念。而现代人的健康内容包括躯体健康、心理健康、心灵健康、社会健康、智力健康、道德健康、环境健康等。健康是人的基本权利，也是人生的第一财富（图 1-10）。

图 1-10 健康行动

纵览世界的发展，健康技术交流与疾病传播速度加快，国民健康治理不但是国家的内部事务，同时也成为一项国际责任。1948 年，世界卫生组织成立，标志着健康治理成为国际合作交流的重要内容。进入 20 世纪中期，建设健康社会已成为世界各国提升治理能力的重要内容，社会组织形式和人的生活方式改变是其产生的主要原因。随着工业化和城市化带来人口与人类活动急速向城市汇聚，大量的人口聚居于失去生态平衡的人造环境之中，越来越多的环境因素对人类的健康带来挑战，不断出现的环境灾难、疾病等更是威胁着人类的生存安全。随着经济的发展和社会的进步，人们越来越认识到健康的重要性。世界卫生组织于 1978 年发表的《阿拉木图宣言》指出，健康是基本的人权，尽可能地提升人民的健康水平，是世界各国的重要目标。此后，世界发达国家和许多发展中国家纷纷提出自己的改善国民健康的计划项目。国家健康治理也由此有了标志国家利益、成为国家战略的基础。

人民健康历来受到党和国家高度重视。2015 年 10 月召开的党的十八届五中全会明确提出健康中国理念，并从"五位一体"总体布局和"四个全面"战略布局出发，对当前和今后一个时期更好保障人民健康做出了制度性安排，以推进健康中国建设。2016 年 8 月，习近平总书记在全国卫生与健康大会上发表重要讲话指出：要坚持正确的卫生与健康工作方针，以基层为重点，以改革创新为动力，预防为主，中西医并重，将健康融入所有政策，人民共建共享。2016 年 10 月，中共中央、国务院印发了《"健康中国 2030" 规划纲要》。编制和实施《"健康中国 2030" 规划纲要》即是贯彻落实党的十八届五中全会精神、保障人民健康的重大举措，对全面建成小康社会、加快推进社会主义现代化具有重大意义（图 1-11）。同时，这也是中国积极参与全球健康治理、

图 1-11　"健康中国 2030" 规划纲要宣传图

履行其对联合国《2030 年可持续发展议程》承诺的重要举措。

2017 年 10 月 18 日，习近平总书记在党的十九大报告中指出：人民健康是民族昌盛和国家富强的重要标志。要完善国民健康政策，为人民群众提供全方位全周期健康服务。

2019 年 6 月 24 日，国务院发布《国务院关于实施健康中国行动的意见》。《意见》强调，国家层面成立健康中国行动推进委员会，制定印发《健康中国行动（2019 — 2030 年）》。

2019 年 7 月 15 日，国务院办公厅发布《健康中国行动组织实施和考核方案》。《方案》提出，建立健全组织架构，依托全国爱国卫生运动委员会成立健康中国行动推进委员会。

显然，从健康事业来看，"健康中国" 是一个发展目标，是指人民健康、长寿水平达到世界先进水平的中国；从人民生活来看，"健康中国" 是一种生活方式，是人人拥有健康理念和健康生活，家家享有健康服务和健康保障的生活方式；从国家发展来看，"健康中国" 是一种发展模式，是把人民健康放在优先发展的战略地位，把健康融入所有政策，努力实现全方位、全周期保障人民健康的国家发展模式。

第 2 章　绿色建筑及设计的基本原理

　　绿色，象征着生命，喻示着可持续发展。纵览人类营造建筑的历史，可知当人类摆脱穴居，开始构巢而居以来，建筑从最初的遮风避雨、抵御恶劣自然环境的掩蔽所，发展到当今四季如春的智能化建筑。人们在营造"百年大计"、享受现代文明的同时，也造成了与自然的隔离及建筑活动对环境的破坏。进入 20 世纪 50 年代，人们发现人类社会在取得高度物质文明的同时，出现了一系列严重的社会问题，诸如人口爆炸、资源短缺、环境污染、生态破坏、物种消失、灾害频出、疾病困扰，直接威胁到人类的生存和发展。在现实面前，人们逐渐认识到建筑活动对环境的影响，建筑能否重新回归自然，实现与自然的共生？"绿色建筑"的概念也就应运而生（图 2-1）。可见，绿色建筑的衍生是基于当今人类面临的各种外部环境灾难和人类生存与发展的挑战。严峻的现实呼唤着绿色建筑的早日到来，营造绿色建筑、构建和谐家园已成为可持续发展的必然趋势。

图 2-1　绿色建筑是可持续发展及营造和谐家园的必然趋势

a）马来西亚建筑师杨经文利用垂直绿化进行绿色建筑的构建　b）英国伦敦贝丁顿零碳社区的绿色建筑

2.1　绿色建筑及设计理念

2.1.1　绿色建筑的解读

　　"绿色建筑"也称为可持续发展建筑、生态建筑、回归大自然的建筑、节能环保建筑等。虽然提法不同，但基本内涵是相同的，即减轻建筑对环境的负荷，节约能源和资源，提供安全、健康、舒适、性能良好的生活空间和工作环境，并与自然环境亲和，做到人、建筑与环境的和谐共处，直至实现永续发展的目标。

　　对绿色建筑的解读目前尚无统一而明确的定义。由于各国的经济发展水平、地理位置、人均资源、科学技术等条件不同，各国的专家学者对于"绿色建筑"都有各自的理解。

德国的 K·丹尼尔斯在 1995 年出版的《生态建筑技术》一书中，对绿色建筑的定义是："绿色建筑是通过有效地管理自然资源，创造对于环境友善的、节约能源的建筑。它使得主动和被动地利用太阳能成为必需，并在生产、应用和处理材料等过程中尽可能减少对自然资源（如水、空气等）的危害。"

阿里莫·B·洛文斯在他的文章《东西方观念的融合：可持续发展建筑的整体设计》一文中指出："绿色建筑是将人们生理上、精神上的现状和其理想状态结合起来，是一个完全整体的设计，一个包含先进技术的工具。绿色建筑关注的不仅仅是物质上的创造，而且还包括经济、文化交流和精神上的创造。""绿色设计远远超过能量的得失平衡，自然采光、通风等因素，它力图使人和自然亲密结合，它必须是无害的、可再生和可积累的。"

英国建筑设备研究与信息协会（BSRIA）把绿色建筑界定为："对建立在资源效益和生态原则基础之上的、健康建筑环境的营建和管理。"此定义是从绿色建筑的营建和管理过程的角度所做的界定，强调了"资源效益和生态原则"和"健康"性能要求。

美国加利福尼亚环境保护协会（Cal/EPA）指出："绿色建筑也称为可持续建筑，是一种在设计、修建、装修或在生态和资源方面有回收利用价值的建筑形式。"

詹姆斯·瓦恩斯在 1995 年出版的《绿色建筑学》一书中，对 20 世纪初以来亲近自然环境的建筑发展进行回顾，并对近年来走向绿色建筑的概念予以探索，总结了包含景观与生态建筑在内的绿色环境建筑设计在当代发展中的一般类型，以及更广泛的绿色建造业与生活环境创造应遵循的基本原则。

马来西亚著名绿色建筑师杨经文在他的专著《设计结合自然：建筑设计的生态基础》中指出："生态设计牵扯到对设计的整体考虑，牵扯到被设计系统中能量和物质的内外交换以及被设计系统中原料到废弃物的周期，因此我们必须考虑系统及其相互关系。"同时杨经文认为："绿色建筑作为可持续性建筑，它是以对自然负责的、积极贡献的方法在进行设计。""生态设计概念的本质不是从与自然的斗争中撤退，更不是战败，而是坚持不懈地寻求对自然环境最低程度的影响，并且阻止它的退化。确切地说，生态设计是对环境有益且具有建设性的，是对自然环境的一个积极的贡献。进一步说，生态设计是一个对环境的自然系统进行修补、恢复和更新的积极的行为。"从这里可知杨经文的观点很明确，绿色建筑就是"可持续性建筑""对环境有益且具有建设性的"新型建筑。

国外对可持续建筑的概念，从最初的低能耗、零能耗建筑，到后来的能效建筑、环境友好建筑，再到近年来的绿色建筑和生态建筑有着各种各样的解读。归纳来看低能耗、零能耗建筑属于可持续建筑发展的第一阶段；能效建筑、环境友好建筑应属于可持续建筑发展的第二阶段；绿色建筑和生态建筑应属于可持续建筑发展的第三阶段。而依据联合国 21 世纪议程，可持续发展应包括环境、社会和经济三个方面的内容。

国内建筑界对绿色建筑也有不同的界定，如 20 世纪 90 年代末，西安建筑科技大学绿色建筑研究中心就提出："绿色建筑体系是由生态环境、社会经济、历史文化、生活方式、建筑法规和适宜性技术等多种构成因子相互作用、相互影响、相互制约而形成的综合体系，是可持续发展战略在建筑领域中的具体体现。"

2006 年发布的国家标准《绿色建筑评价标准》（GB 50378—2006）中，较权威地诠释了绿色建筑的内涵。绿色建筑是指"在建筑的全寿命周期内，最大限度地节约资源（节能、节地、节水、节材）、保护环境和减少污染，为人们提供健康、适用和高效的使用空间，与自然和谐共生的建筑。"2019 年版《绿色建筑评价标准》（GB/T 50378—2019）中，"绿色建筑"被定义为："在全生命期内，节约资源、保护环境、减少污染，为人们提供健康、适用、高效的使用空间，最大限度地实现人与自然和谐共生的高质量建筑。""绿色建筑"被认为是指在建筑全生命周期过程中（包括选址、规划、设计、施工、使用与消费、管理与运行及拆除），根据当地的自然生态环境，运用生态学、建筑学的基本原理和其他相关学科知识，以最节约能源、最有效利用资源的方式，建造和运行环境负荷最低、与环境相融合的最安全、健康、高效、舒适的人居空间（图 2-2）。这意味着建筑已被视为自然生态循环系统的一个有机组成部分，成为全面涵盖能源、资源、污染、环境、舒适度等要素的综合体及集成的系统工程。

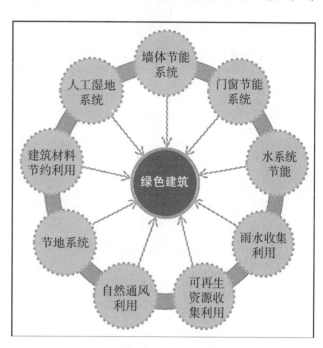

图 2-2　绿色建筑的意义及构成系统

由于绿色建筑所践行的是生态文明和科学发展观，不仅其内涵和外延是极其丰富的，而且是随着人类文明进程不断发展的，因此追寻一个所谓世界公认和统一的绿色建筑概念是没有实际意义的。事实上，绿色建筑和其他许多概念一样，人们可以从不同的时空和不同的角度来理解绿色建筑的本质特征。

2.1.2　绿色建筑的设计理念

绿色建筑设计是指以符合自然生态系统客观规律并与之和谐共生为前提的设计（图 2-3）。其设计理念包括以下内容：

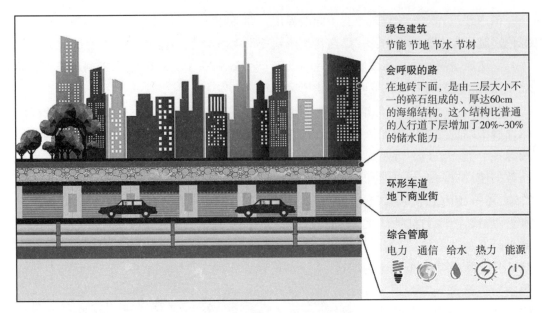

图 2-3　绿色建筑及环境设计

1. 节约能源

现代社会人们对于绿色健康生活方式的追求主要体现在对能源的节约上，能源节约表现在建筑上就是运用适应时代发展要求的设计理念。绿色建筑对于建筑材料的高效利用，以及对于各种能源资源的低消耗，就是对于能源的节约。绿色建筑对于自然能源，比如各类风能、太阳能等可再生能源的充分利用，以及对于地形地势的充分利用，都是对节约能源的具体体现。绿色建筑应优化设计，选择适用的技术、材料和产品，合理利用并考虑资源的配置。要减少资源的使用，并促进资源的综合利用，力求使资源可再生利用。

2. 回归自然

绿色建筑对于自然的追求是无止境的，其建筑外部强调与周边环境相融合与和谐一致。充分利用场地周边的自然条件，保留和利用地形、地貌、植被与自然水系，保护历史文化与景观的连续性，做到保护自然生态环境。此外，绿色建筑设计需将其建筑回归自然，重新融入自然世界中去，从而体现现代人追求的人与自然的和谐统一，最终实现可持续发展的建筑设计理念。

3. 舒适环保

绿色建筑应合理考虑使用者的需求，努力创造优美、和谐的环境。其设计理念就是要追求更加节能、更加环保、更加舒适的环境条件。对于各种建筑材料的使用，更加追求安全环保。绿色建筑是可持续发展建筑的必然产物，在建筑设计之初，就要保持以绿色发展的理念来进行设计，这也要求在建造过程中不断加入新的、先进的施工技术。建筑内部不使用对人体有害的建筑材料和装修材料,绿色建筑的设计观念对提高建筑质量、改善环境、提高空间使用率都有着不可低估的作用。

21 世纪是绿色生态时代,绿色建筑的兴起及设计理念在其建筑中的应用是社会发展和人类生活水平提高的客观要求,是可持续发展的新探索,它必将成为未来建筑的主导趋势。

我国绿色建筑的设计理念遵循以下原则:

1）节约能源,即充分利用太阳能等清洁能源和可再生能源,采用节能的建筑维护结构来控制室内空气温度的调节,降低对化石能源的消耗与依赖;

2）节约资源,即在建筑设计、建造和建筑材料的选择中,考虑资源的合理使用和处置,尽量使用当地的可循环利用建筑材料,设计雨水、中水收集系统等节水设施、器具;

3）回归自然,即绿色建筑外观充分考虑与周边环境相融合,采用适应当地气候条件的平面形式及总体布局,做到和谐一致、动静互补,实现"天人合一";

4）营造舒适健康的生活环境,即建筑内部使用无害的装修材料,保持室内空气清新,令使用者感觉舒适、愉快。

2.2　绿色建筑的特征及设计要求

2.2.1　绿色建筑的基本特征

在 2005 年 3 月建设部主办的"首届国际智能与绿色建筑技术研讨会"暨"首届国际智能与绿色建筑技术与产品展览会"上阐述了绿色建筑的特点:

1）绿色建筑重视室内外交流,即绿色建筑与外界交叉相连（图 2-4）,绿色建筑的内部与外部采取有效连通的办法,会对气候变化自动进行适应调节,就像鸟儿一样,它可以根据季节的变化换羽毛。一句话,对外开放循环的绿色建筑,犹如具有自己的神经（智能）系统,有利于节能和人体健康。

2）绿色建筑因地制宜,就地取材,即绿色建筑尊重本土文化、自然和气候,

图 2-4　绿色建筑与外环境

推行本地材料，建筑将随着气候、自然资源和地区文化的差异而重新呈现不同的风貌。

3）绿色建筑遵循循环经济理念，即绿色建筑本身将被看作一种资源，建筑及其城市发展都以最小的生态和资源代价，在广泛的领域获得最大利益。

4）绿色建筑重视人与自然和谐相融，即绿色建筑的建筑形式将从人与大自然和谐相处中获得灵感，"美存在于以最小的资源获得最大限度的丰富性和多样性"，重返2000多年前古罗马杰出建筑师维特鲁威提出的"坚固、实用、美观"六字真经上。

5）绿色建筑节能低碳，即绿色建筑极大地减少了能耗，甚至可以自身产生和利用可再生能源，符合"四节一保"的标准，即节能、节地、节水、节材、环保。

6）绿色建筑遵循全程绿色理念，即绿色建筑是在建筑的全生命周期内，为人类提供健康、适用和高效的使用空间，最终实现与自然共生，从被动地减少对自然的干扰，到主动地创造环境的丰富性，减少资源需求。

基于以上分析阐述，绿色建筑的基本特征包括如下内容：

1. 绿色建筑的社会特征

绿色建筑的社会特征主要是从建筑观念问题出发进行考量的，是指绿色建筑需从其社会性出发，要求建筑者在建设领域及日常生活中约束自身的行为，有意识地考虑建筑过程中生活垃圾的回收利用、烟气的控制排放，及如何在建筑过程中做到节能环保等。

这些问题的解决不仅是技术问题，同时也体现出了绿色建筑设计者的建筑理念、生活习惯、个人意识等。建筑设计者如何从社会的角度出发进行设计，需要公共道德的监督和自我道德的约束。这种道德，即是所谓的"环境道德"或"生态伦理"。

此外，由于现代社会生活和工作节奏快，人们面临的压力大等问题，因此对建筑的舒适程度与健康程度都有着较强的关注，甚至对上述两个方面的关注要高于对建筑中能源和资源消耗的关注。绿色建筑设计者应该从建筑的社会性出发，在满足现代人心理需求的前提下进行设计。否则一味地强调建筑的环保性和节约性，其对人们的吸引力也不会提高。

2. 绿色建筑的经济特征

绿色建筑的经济特征是指设计需从环境和社会的角度出发来展开。由于绿色建筑往往在初期建设阶段投资较高，进行生态建筑建设，就应该从其开发的经济性出发，考虑建筑的全生命周期，并综合考虑绿色建筑的价值。具体来说，设计师需要考虑以下两个要素：

1）如何降低建筑在使用过程中运行费用；

2）如何减少建筑对人体健康、社会可持续发展的影响。

全生命周期是指从事物的产生至消亡所经历的全部过程和时间。就建筑而言，从能源和环境的角度，其生命周期是指从材料与构件生产（含原材料的开采）、规划与设计、建造与运输、运行与维护直至拆除与处理（废弃、再循环和再利用等）的全过程；从使用功能的角度，是指从交付使用后到其功能再也不能修复使用为止的阶段性过程，即是建筑的使用（功能、自然）生命周期。绿色建筑在设计时要注意平衡建筑成本以及后期的运营维护成本。

3. 绿色建筑的技术特征

绿色建筑的技术特征是指不仅需要科学的设计理念作支撑，还需要设计师立足于现有社会资源和技术体系，设计出真正满足人们生产、生活需求的建筑。因此，绿色建筑还应体现出设计的技术特征。绿色建筑的技术特征也是和其社会特征紧密相连的。虽然传统木质、岩石、黏土等结构建筑材料最为生态环保，但是却不能满足现代社会的生活方式。在技术特征的要求下绿色建筑应该使用新的技术与材料，融合绿色建筑设计的理念与方式，结合现代社会的环保问题来进行设计。

2.2.2　绿色建筑的设计要求

"绿色建筑"中的"绿色"，并不是指一般意义上的绿化，而是代表一种概念或象征，其含义包括生命、节能、环保三个方面。通过科学的整体设计，绿色建筑集成绿色配置、自然通风、自然采光、低能耗围护结构、新能源利用、中水回用、绿色建材和智能控制等高新技术，具有选址规划合理、资源利用高效循环、节能措施综合有效、建筑环境健康舒适、废物排放减量无害、建筑功能灵活适宜六大特点。不仅可以满足人们的生理和心理需求，而且能源和资源的消耗最为经济合理，对环境的影响最小。随着社会的发展，人类面临着人口剧增、资源过度消耗、气候变暖、环境污染和生态破坏等问题的威胁。在严峻的形势面前，如何实现资源的可持续利用成为急需解决的问题。因此，按照绿色建筑的设计要求进行设计与建设，即显得非常重要。绿色建筑的设计要求包括功能、技术、经济、审美与环境等方面。

1. 功能要求

构成建筑物的基本要素是建筑功能、建筑的物质技术条件和建筑的艺术形象。其中建筑功能是三个要素中最重要的，也是人们营造建筑的具体目标和使用要求的综合体现。居住、办公、餐饮、学习、工作、会议、休闲、娱乐等各种活动对建筑的功能需要，决定了建筑的形式、尺度、空间及组合。满足建筑物的使用功能要求，为人们的生产生活提供安全舒适的环境，是绿色建筑设计的首要任务。如在进行绿色住宅建筑设计时，需要考虑满足居住的基本需要，保证房间的日照和通风，合理安排卧室、起居室、客厅、厨房和卫生间等的布局，同时还要考虑到住宅周边的交通、绿化、活动场地、环境卫生等方面的要求。

2. 技术要求

绿色建筑设计的技术要求包括在设计节能上，对建筑空间进行合理布局，采用自然通风、自然采光等被动式设计，整体化、系统化地优化室内用能系统来维持室内环境的稳定性和舒适性；在设计用材上，尽量采用绿色环保材料，并尽可能选用可再生材料，以将对城市空间环境的影响降到最低；在设计方式上，尽可能采用可拆卸性设计，以利于维护、拆卸及使用生命结束后的回收利用。同时，根据不同建筑物平面布局和空间组合的特点，采用当今先进的技术措施，选取合理的结构和施工方案，使建筑物营造得更加环保、坚固与耐用。

3. 经济要求

经济合理是建筑设计中应遵循的一项基本准则，也是进行绿色建筑设计中需达到的目标之一。由于可用资源的有限性，要求建设投资的合理分配和高效性。这就要求建筑设计需要根据社会生产力的发展水平、国家的经济发展状况、人民生活的现状和建筑功能的要求等因素，确定建筑的合理投入和建造所要达到的建设标准，力求在建筑设计中做到以最小的资金投入，去获得最大的使用效益。同时，在进行建筑规划、设计和施工过程中，应尽量做到因地制宜、因时制宜，尽量选用本地的建筑材料和资源，做到节省劳动力、用材和建设资金，以使其绿色建筑设计能够获得良好的经济效益。

4. 审美要求

绿色建筑能否给人美的感受，主要看其设计是否契合建筑内外空间的用途和性质。不合用的设计则很难让人感受到美，而在契合空间的用途和性质的前提下，建筑及其内外环境设计能否给人以美感，关键在于是否符合构图原则。绿色建筑的设计也不例外，为了达到给人美感的目的，需要注意其建筑内外环境的空间感，力求做到有主有次、有聚有散、层次分明；还需注意其建筑内外环境色彩的运用，要强调统一，并力求产生沉着、稳定与和谐的环境色彩效果。此外，绿色建筑及内外环境设计也需符合构图与形式美学的法则，以给人审美上的感受。

2.3 绿色建筑设计的内容与范畴

2.3.1 绿色建筑设计的内容

绿色建筑的设计是一种全面、全过程、全方位、联系、变化、发展、动态和多元绿色化的设计过程。是针对总体目标，按照轻重缓急和时空上的次序，不断地发现问题、提出问题、分析问题、分解具体问题，找出与具体问题密切相关的影响要素及相互关系，就具体问题制定具体的设计目标，围绕总体的和具体的设计目标进行综合的整体构思、创意与设计。依据国内当前绿色建筑发展的实际情况，一般来说，绿色建筑设计主要可归纳为综合设计、整体设计和创新设计三个方面的内容（图2-5）。

1. 绿色建筑的综合设计

绿色建筑的综合设计是指技术经济绿色一体化综合设计，就是以绿色设计理念为中心，

图 2-5 绿色建筑设计的主要内容

在满足国家现行法律法规和相关标准的前提下，在进行技术上的先进可行和经济的实用合理的综合分析的基础上，结合国家现行有关绿色建筑标准，按照绿色建筑各方面的要求，对建筑所进行的包括空间形态与生态环境、功能与性能、构造与材料、设施与设备、施工与建设、运行与维护等方面内容在内的一体化综合设计。

在进行绿色建筑的综合设计时，要注意考虑建筑环境的气候条件，考虑应用环保节能材料和高新施工技术。绿色建筑追求自然、建筑和人三者之间和谐统一。要以可持续发展为目标，发展绿色建筑。

绿色建筑是随着人类赖以生存的自然界不断濒临失衡的危险现状所寻求的理智战略，它告诫人们必须重建人与自然有机和谐的统一体，实现社会经济与自然生态高水平的协调发展，建立人与自然共生共息、生态与经济共繁荣的持续发展的文明关系。

2. 绿色建筑的整体设计

绿色建筑的整体设计是指全面全程动态人性化的整体设计，就是在进行建筑综合设计的同时，以人性化设计理念为核心，把建筑当作一个全生命周期的有机整体来看待，把人与建筑置于整个生态环境之中，对建筑进行包括节地与室外环境、节能与能源利用、节水与水资源利用、节材与绿色材料资源利用、室内环境质量和运营管理等方面内容在内的人性化整体设计。

整体设计对绿色建筑至关重要，必须考虑当地的气候、经济、文化等多种因素，从六个技术策略入手：

1）首先要有合理的选址与规划，尽量保护原有的生态系统，减少对周边环境的影响，并且充分考虑自然通风、日照、交通等因素。

2）要实现资源的高效循环利用，尽量使用再生资源。

3）尽可能采取太阳能、风能、地热、生物能等自然能源。

4）尽量减少废水、废气、固体废物的排放，采用生态技术实现废物的无害化和资源化处理，以回收利用。

5）控制室内空气中各种化学污染物质的含量，保证室内通风、日照条件良好。

6）绿色建筑的建筑功能要具备灵活性、适应性和易于维护等特点。

3. 绿色建筑的创新设计

绿色建筑的创新设计是指具体进行个性化创新设计，就是在进行综合设计和整体设计的同时，以创新型设计理论为指导，把每一个建筑项目都作为独一无二的生命有机体来对待，因地制宜、因时制宜、实事求是和灵活多样地对具体建筑进行具体分析，并进行个性化创新设计。创新是以新思维、新发明和新描述为特征的一种概念化过程，创新是设计的灵魂，没有创新就谈不上真正的设计，创新是建筑及其设计充满生机与活力永不枯竭的动力和源泉。

为了鼓励绿色建筑创新设计，我国设立了"绿色建筑创新奖"，在《全国绿色建筑创新奖实施细则》中规范申报绿色建筑创新奖的项目应在设计、技术和施工及运营管理等方面具有突出的创新性。主要包括以下几个方面：

1）绿色建筑的技术选择和采取的措施具有创新性，有利于解决绿色建筑发展中的热点、难点和关键问题。

2）绿色建筑不同技术之间有很好的协调和衔接，综合效果和总体技术水平、技术经济指标达到领先水平。

3）对推动绿色建筑技术进步，引导绿色建筑健康发展具有较强的示范作用和推广应用价值。

4）建筑艺术与节能、节水、通风设计、生态环境等绿色建筑技术能很好地结合，具有良好的建筑艺术形式，能够推动绿色建筑在艺术形式上的创新发展。

5）具有较好的经济效益、社会效益和环境效益。

2.3.2 绿色建筑设计的范畴

建筑设计从使用性质、形体构成、结构类型和材料、层数、规模、耐久年限、耐火等级、建设和承重受力方式等方面和不同的角度进行分类，涉及的范畴极其广泛，若按其使用功能来划分，主要可归纳为四类，即居住建筑设计、公共建筑设计、生产建筑设计与特殊建筑设计。

1. 居住建筑设计

居住建筑又称为人居环境，它唯一的对象就是以家庭为主的居住空间，无论是独户住宅还是集体公寓均归在这个范畴之中。由于家庭是社会结构的一个基本单元，而且家庭生活具有特殊的性质和不同的需求，因而使居住建筑设计成为一个专门的设计领域，其目的就在于为家庭解决居住方面的问题，以便于塑造理想的家庭生活环境。而居住建筑（人居环境）设计的范畴包括集合式住宅、公寓式住宅、院落式住宅、别墅式住宅与集体宿舍等类型。

2. 公共建筑设计

公共建筑是为人们日常生活和进行社会活动提供所需的场所，它在城市建设中占据极为重要的地位。公共建筑的范畴包括办公建筑、宾馆建筑、商业建筑、会展建筑、交通建筑、文化建筑、科教建筑与医疗建筑，以及体育、电信与纪念建筑等。公共建筑的设计工作涉及总体规划布局、功能关系分析、建筑空间组合、结构形式选择等技术问题。确立正确的设计理念和用辩证的方法来处理功能、艺术、技术三者之间的关系，是公共建筑设计的一个重要课题，也是做好公共建筑设计的基础。

3. 生产建筑设计

生产建筑是指供工业和农业生产的一切建、构筑物，分为工业生产建筑和农业生产建筑两类，其中工业生产建筑的范畴包括主要生产厂房、辅助生产厂房、动力设备厂房、储藏物资厂房与包装运输厂房等；农业生产建筑的范畴包括养禽养畜厂房、保温保湿种植厂房、饲料加工厂房、农产品加工厂房与农产品仓储库房等。由于生产建筑设计的目的在于改善工农业生产环境，提高人们劳动的工作效率，便于生产的科学管理，为此其设计需要与生产实际紧密结合，从而满足生产者对其生产建筑空间多个方面的环境需求。

4. 特殊建筑设计

特殊建筑设计是指为某些特殊用途而建造的特殊建筑，其范畴包括军事工程、科考工程、海洋工程等。特殊建筑应依据其各自的特殊要求来进行其设计，以满足其建筑内外空间环境上的特殊用途和需要。

2.4 绿色建筑设计的原则与方法

2.4.1 绿色建筑设计的原则

绿色建筑应坚持"可持续发展"的理念，理性的设计思维方式和科学程序，以提高绿色建筑的环境效益、社会效益和经济效益。绿色建筑设计除满足传统建筑的设计要求外，还应遵循以下设计原则进行设计创作。

1. 建筑的可持续发展原则

我国正处于经济高速发展阶段，资源消耗总量逐年增长。为此，进行绿色人居环境建设，树立和认真落实科学发展观，坚持可持续发展理念，规范绿色建筑的设计，大力发展绿色建筑的根本目的，是为了贯彻执行节约资源和保护环境的国家政策，推进建筑业的可持续发展，造福于子孙后代直至实现永续发展。建筑活动是人类对自然资源、环境影响最大的活动之一。发展绿色建筑应贯彻可持续发展的原则，从规划设计阶段入手，追求本土、低能耗、精细化的设计策略，促使绿色建筑设计的可持续发展。

2. 全方位的绿色设计原则

城市的发展是一个不断更新和变化的动态过程，在这种新陈代谢的过程中，如何对待现存的老旧建筑成为亟待解决的问题。其中包括列入国家历史遗址保护名单的老建筑，还包括大量存在的虽然仍处于设计寿命期，但功能、设施、外观已不能满足当前需要，却还未得到保护的一般性旧建筑。随着城市的发展日趋成熟，如何在已有的限制条件下为旧建筑注入新的生命力，完成旧建筑的重生也成为绿色建筑设计近年来关注的热点问题。在城乡建设中全方位贯彻绿色设计的理念，使绿色建筑设计不仅针对新建工程项目，也包括改建和扩建的建筑工程项目，让绿色设计的理念能够覆盖整个人居环境。

3. 全生命周期的设计原则

建筑从最初的规划设计到后来的施工、运营、更新改造及最终的拆除，形成一个时间较长的生命周期。绿色建筑设计需关注建筑的整个生命周期，不仅在规划设计阶段应充分考虑并利用环境因素，在其后的施工过程中还应确保对环境的影响最低，运营阶段也能为人们提供健康、舒适、低耗、无害的活动空间，就是拆除后也可将对环境危害降到最低。即在建筑的全生命周期内，最大限度地节能、节地、节水、节材与保护环境，同时满足建筑功能，最终能够体现出经济效益、社会效益和环境效益的统一。

4. 设计中的环境友好原则

建筑领域涉及的环境包含区域内及周围环境两层含义，其中区域内环境在品质上需考虑建筑的功能要求及使用者的生理和心理需求，努力创造优美、和谐、安全、健康、舒适的室内环境；周围环境在品质上需努力营造出阳光充足、空气清新、无污染及噪声干扰，有绿地和户外活动场地，有良好的环境景观的健康安全的环境空间。同时，进行绿色建筑设计时应充分考虑合理利用物质和能源，更多地回收利用废物，并以环境可接受的方式处置残余的废弃物。直至在绿色建筑的材料和设备选用、无害化技术的运用等层面实现环境友好的愿望。

5. 设计中的地域文化原则

绿色建筑设计中的地域文化原则如下：

1）在绿色建筑的设计中应注意传承和发扬地方历史文化，尊重地域文化和乡土经验；

2）在绿色建筑的设计中应注意与地域自然环境的结合，适应场地，设计应以场地的自然过程为依据，充分利用场地中的天然地形、阳光、水、风及植物等，强调人与自然过程的共生和合作关系，实现人与自然的有机融合；

3）注重保护和利用地方性物种，以减少材料在迁移过程中的能源消耗和环境污染，促使地域文化在绿色建筑设计创作中富有更强的生命力。

2.4.2　绿色建筑设计的方法

1. 集成设计方法

集成设计是一种强调不同学科专家共同合作的设计方式，通过专家的集体工作，达到解决设计问题的目标。由于绿色建筑设计的综合性和复杂性，以及建筑师受到知识和技术的制约，因此在设计团队的构成上应由包括建筑、环境、能源、结构、经济等多专业的人士组成。设计团队应当遵循绿色建筑设计的目标和特点，从绿色建筑的整体化设计过程入手，通过建筑相关行业公司、相关专业专家在设计各阶段的及时参与、观点互动、经验共享、整体决策方式来达到绿色建筑的设计目标，以满足业主的使用需要并顺利通过绿色建筑的认证。

集成设计作为贯穿绿色建筑项目始终的团队合作式设计方法，其完成需要保证三个要点，业主与专业人员清晰与连续的交流，建造过程中对细节的严格关注和团队成员间的积极合作。

2. 生命周期设计方法

建筑从最初的规划设计到之后的施工建设、使用及最终的拆除，形成了一个生命周期。绿色设计应体现在建筑整个生命周期的各个阶段。生命周期设计方法对于建筑设计的要求还包括对建筑的节能、通风、采光，以及环境影响等的评估和预测，就是需从全球环境与资源出发，应用经济可行的各种技术和建筑材料，构筑一个建筑全生命周期的绿色建筑体系。

3. 公众参与设计方法

公众参与设计方法可以理解为公众参与设计的途径，它源自美国，可以说是不同利益团体为争取自身利益而发展出的相互制衡的设计与管理模式。谢里.R.阿恩斯坦（Sherry R.Arnstein）将公众参与层次理论分为三大类（无参与、象征参与、完全参与），共八个层次。无论达到哪个层次，任何参与行为都会优于没有参与的行为，通过对参与质量的控制可以收到良好的效果。在绿色建筑设计中，通过组织类似于社区参与环节的公众参与，达到鼓励使用者参与设计的目标。通过政府决策者、投资者和使用者对设计活动的参与，提高决策者的绿色意识，提高投资者和使用者的绿色价值观和伦理观，促进使用者在建筑使用中树立起绿色设计的意识。

4. 技艺融合设计方法

现代建筑设计强调技术与艺术的有机融合，并在现代科学思维的设计中融入新材料、新技术与新工艺，现代绿色建筑设计也亦然。绿色建筑设计观念的导入对于建筑设计创作思维又带来了一个革命性的变化，要求绿色建筑体现出其生态的审美价值。建筑的形式和功能与自然亲和，特别是绿色建筑设计中一些高技术的引入，又能带给人们充满智慧的体验和感受。绿色建筑设计也不仅仅在于满足节水、节地、节能、环境保护等几个指标的实现，一定还需实现从总体规划到单体设计的全过程对生态审美价值的追求，直至体现现代绿色建筑设计技术与生态审美艺术相融合的个性化设计创作目标和要求。

5. 个性分析设计方法

在绿色建筑设计项目的规划与设计阶段，选址和保护周围环境是绿色建筑设计的主要内容，同时还要注意对当地历史和传统文化生活方式的个性分析。在设计中无论是生物气候设计，还是生物气候缓冲层的设计策略，都强调个性分析设计方法。如在夏热冬暖地区（南方地区），遮阳和自然通风对节能的贡献率大于围护结构的保温隔热，这与北方地区非常关注体形系数和围护结构的热工性能有着不完全相同的技术路线。同样作为居住建筑项目，别墅类项目的重心是提高舒适度下的资源高效利用，对温湿度控制、室内空气品质、热水供应等的要求很高，往往有条件使用多种新材料、新设备，能承受较高的运行管理费用；而经济适用房则强调的是以较低成本满足使用需求并降低运行管理费用，因此会在节能、节水、节材、节地等方面采用不同的设计方法和技术措施。由此可见，因地制宜的个性分析在绿色设计中应用广泛，是实现绿色建筑设计地域多样性的有效设计创作方法。

第3章　绿色建筑室内环境的设计创建

人的一生说大部分时间都是在建筑室内空间中度过。当我们观察和研究人们的活动轨迹的时候，可见大部分人的活动轨迹都是从一幢建筑的室内空间环境，走向另一幢建筑的室内空间环境，再又走向新的一幢建筑的室内空间环境……周而复始。随着人们现代生活节奏的加快，这种"走向"将进一步发展到"奔向"，直至现代信息社会带给人们"足不出户"的生活与工作保证。如生活就有居住空间环境；工作有办公与生产空间环境；休息有娱乐与疗养空间；购物有商业空间环境……这一系列的建筑室内环境也就构成了当代人类所需要的美好生活空间和家园（图3-1）。而绿色建筑的营建除了主体造型外，建筑内外空间环境显然是其设计营造与经营的关键。

图 3-1　现代建筑室内空间环境
a）居住空间环境　b）工作空间环境　c）娱乐空间环境　d）购物空间环境

3.1　绿色建筑室内环境空间营建

绿色建筑室内环境空间营建源自可持续发展的理念，通过党的十七大、十八大报告中逐步推进建设生态文明的政策方针得以具体表现和实施，在党的十九大报告中，更是提出以"践行绿色发展理念，推进生态文明建设，共建和谐美好未来"为建设美好社会的重大方针政策。进行生态文明建设也就是要在全社会树立生态、环保、可持续发展的价值观和发展观，把生态发展和可持续发展上升到了社会文明的新高度。随着我国经济的持续发展，绿色建筑及内外环境设计已经成为现代人居环境建设发展的重要内容，且在生产文明建设中发挥着不可替代的作用。

生态文明建设中的绿色建筑设计主要包括绿色建筑主体及建筑室内环境与室外环境等内容，与人们的工作、生活等密切相关。在绿色人居环境建设过程中，建筑及内外环境设计应与绿色理念中的环保意识、可持续发展及低碳、环保、节能等诸多要素结合，打造适应生态文明建设需要的绿色、健康建筑。

3.1.1 绿色建筑室内环境的认识及设计意义

对绿色设计人们的理解各不相同，绿色设计反映了人们对现代科技文化所引起的环境及生态破坏的反思，体现了设计师对社会的责任心的回归。

绿色设计 GD（Green Design），通常也称为生态设计 ED（Ecological Design）、环境设计 DFE（Design for Environment）、生命周期设计 LCD（Life Cycle Design）。绿色设计是面向设计物体整个生命周期的设计，也就是说，要从根本上防止环境污染，节约资源和能源，关键在于设计与制造，不能等设计物体产生了不良的环境后果后再采取防治措施（现行的末端处理方法即是如此），这是绿色设计的基本思想。可见，绿色设计着眼于人与自然的生态平衡关系，在设计过程的每一个决策中都要充分考虑环境效益，尽量减少对环境的破坏，其核心是创造符合生态环境良性循环规律的整个设计系统（图 3-2）。

图 3-2　创造符合生态环境良性循环规律的整个设计系统

　　室内环境被包含在建筑实体之中，从属于建筑，与人类生存的整个自然环境相比，建筑室内环境仅为其人居环境空间中的一个微观环境。但建筑室内空间环境与人类的生活更为紧密，它是与人最接近的空间环境人们对室内空间环境中的一切物体触摸频繁，又察之入微，在视觉上和质感上对材料的感知比室外空间环境有更强的敏感性。由采光、照明、色彩、装修、家具、陈设等多种因素综合造成的室内空间形象，在人的心理上产生比室外空间更强的感受力，从而影响到人的生理、心理，直至精神感受。可见，建筑及内部空间环境设计的优劣直接影响到人们在空间的各种活动，使用是否方便，精神是否愉悦。同时，室内空间环境也从某种意义上反映了人们的物质文明和精神文明程度，必须针对不同的功能要求，设计和创造出不同种类的室内空间环境来满足人们生活、工作、学习、休息等方面的需要。建筑一旦落成，建筑实体对于人居环境的影响主要体现在室内空间的持续使用和维护过程之中，建筑实体持续发展中对能源的消耗及产生的各种污染，主要是使用者在建筑室内环境生活、工作、学习与休息等活动中造成的。由此可见，室内空间环境比限定建筑及内外空间的围护实体造型更为重要，建筑室内对于人类生存环境的影响也不容低估。

　　建筑室内环境对于整个生态系统而言处于微观层次，绿色建筑室内环境设计是"绿色设计观"导入室内环境设计产生的现代设计观念，它是指在设计中给人们提供一个环保、节能、安全、健康、方便、舒适的室内环境生活空间，包括在建筑内部布局、空间尺度、装饰材料、照明条件、色彩配置等方面，均可满足当代社会人们在生理、心理、卫生、安全、健康等方面的多种要求，并能充分利用能源、减少污染、减少对环境可能产生的破坏。在建筑室内环境设计中导入"绿色设计观"，不仅仅是一种技术层面的考虑，更重要的是一种观念上的更新。它要求设计师们放弃往日那种过分强调在室内表观上标新立异的做法，而将设计的重点放在真正意义上的创新层面，以一种更为负责的方法去创造建筑室内环境空间的构成形态、存在方式，用更简洁、长久的造型尽可能地延长设计的使用寿命，并使之能与自然和谐共存，直至获得健康、良性地的发展（图 3-3）。

　　20 世纪中叶以来，全球环境问题日渐严重。人类面临着全球气温变暖、生物多样性的减少、能源锐减、土地荒漠化、大气污染、海洋污染等一系列问题，这打破了原有的生态结构的平衡，逐步形成了一种恶性的"生态循环"，由此严重影响人类的生存与发展。进入 20 世纪 80 年代，环境问题更是成为世界各国面临的共同危机，环境与人类的生活息息相关，由环境问题引发的生态危机带给了人类强烈的反思。在追求科技、工业、经济发展的同时，保护生态环境，建设绿色家园的呼声在全球范围内也日渐高涨，对"生态学""可持续发展"的研究也在世界各国迅速开展起来，而建筑领域的"绿色"运动在这一背景下更是蓬勃兴起。经过世界各个国家的共同努力，"生态城市""绿色建筑"等研究和设计推广应用均取得不少成果。相比而言，对与人类生活质量与品质提高密切相关的建筑室内环境，有关绿色建筑室内环境的理论研究和设计实践却显得薄弱和不足。为此，从"绿色"的角度来研究建筑室内环境设计显得更为迫切，如建筑室内

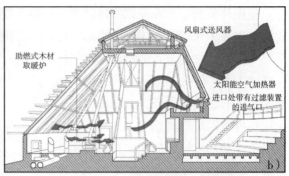
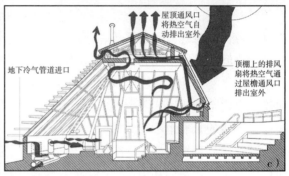

图 3-3　美国苏奴马县水利局春湖公园中具有绿色设计特色的游客中心

a）帐篷状织物结构的室内环境空间　b）供暖时的热交换剖面示意图　c）制冷时的热交换剖面示意图

环境设计中的生态、低碳、循环问题，装修用材、资源调控、废弃处理，以及原旧建筑的室内空间改造重新利用、新旧建筑全生命周期内的室内环境品质与生活质量提升问题等，均为绿色建筑室内环境的理论研究和设计创作实践提供了深入探索的契机。人们已经认识到，室内环境设计在整个绿色建筑空间环境的塑造中作用更大，对于使用者来说，室内空间环境比建筑实体更为重要，进行绿色建筑室内环境设计也显得更为迫切，探究的意义也更加深远。

3.1.2　生态文明建设对绿色建筑室内空间创建的引导

文明是人类文化发展的成果，是人类改造世界的物质和精神成果的总和，是人类社会进步的标志。自从人类社会发端以来，人类文明演进经历了漫长的历史过程。从原始文明、农业文明、工业文明到生态文明，每一次新文明的诞生都预示着文明形态的重塑与变更。而随着城市化发展的不断加快，社会的各类资源不断集中，人们聚居得更加密集。因此在建筑及内外环境设计时不仅需要考虑其功能、经济、造型、科技和实用等因素，而且还需考虑其绿色环境设计等生态、低碳、循环、节能等问题，以实现生态文明建设中建筑及其内外环境、人与自然的和谐相处，低碳生活。

就绿色建筑室内环境空间创建而言，生态文明建设对其的引导在具体设计中主要体现在以下几个方面（图 3-4）：

图 3-4 生态文明建设对绿色建筑室内空间创建的引导

1. 在空间布局方面

利用绿色建筑的特点创造科学合理的室内空间布局形式，创造室内空间环境氛围。从目前的绿色建筑看，其构筑特点主要包括使用非黏土砖墙体减少对土壤的破坏，利用新型砖墙减轻建筑自重，提升房屋的隔声、隔热、保温等性能，安装门窗时使用双层中空玻璃等材质有效隔声、保温，利用太阳能技术等先进科技手段实现可再生能源的有效利用和生活垃圾的降解等。显然，绿色建筑已为未经设计和施工的室内空间创造出了良好的基础条件，在进行室内空间布局时应充分利用这些条件，进行适当的补充即可营造出舒适宜人的空间环境，这无疑简化了室内装修的内容和过程，减少了建筑室内装修带来的各类环境污染与破坏。

2. 在装修用材方面

从生态文明建设角度出发，在绿色建筑室内空间创建中倡导节约型的生活方式，反对室内装饰中的豪华、奢侈与铺张，力求把生产和消费维持在资源和环境的承受范围之内。在建筑室内装修用材方面，一是将自然资源的消耗降到最低，在材料的选择过程中进行生命周期分析，比较材料的费用、美观性、性能、可获得性、规范和厂家的保证等，尽量减少自然资源的消耗，通过简洁的造型、绿色用材来构建舒适宜人的室内空间环境；二是为建筑用户创造一个健康、舒适和无害的空间，尽量使用生态环保型的装修材料以保证健康的室内空间环境的营造，从而体现出生态文明建设中崭新的生态观、文化观和价值观。

3. 在循环利用方面

对资源节约和二次利用，表现在绿色建筑室内空间创建、使用和更新过程中，对常规能源与不可再生资源的节约和回收利用，对可再生资源也要尽量低消耗使用。具体做法有使用可循环或带有部分可循环成分的材料和产品，开发和使用可循环利用的装饰部件和家具；通过水的再利用装置和节水装置减少生活废水、循环利用水资源；选择规模恰当的照明、供热、通风和空调系统，以节约电力资源；充分利用太阳能、风能等可再生能源为室内空间环境的营建服务。这是现代建筑得以持续发展的基本手段，也是建筑室内环境绿色设计的特点所在。

4. 在资源调控方面

将自然中的光线、空气与植物等资源引入建筑室内空间环境，通过资源调控来进行绿色、健康室内空间的创造。具体做法包括充分利用建筑自身朝向和大面积的透明玻璃窗引进自然光线、保持空气流通；充分利用建筑墙体本身和开窗的热传递效应保证室内外温差合理，营造接近自然的室内物理环境；在室内空间中运用植物种植与装饰达到净化空气，亲近、关爱与呵护人与建筑所处的自然生态环境，实现追求自然、环境和人三者之间和谐统一的目的。

5. 在环境保护方面

现代人们有平均三分之二的时间都生活和工作在建筑室内环境，其环境保护无疑是绿色建筑及其室内设计的重点，诸如应尽可能地防止或减少新建、装修和拆除产生的建筑垃圾，对建筑及其室内环境中产生的各类垃圾提倡分类收集，并尽可能地通过回收和资源化利用，减少垃圾处理量；另外建筑室内环境中空气质量的好坏直接影响着人们的生活质量和身体健康，与室内空气污染有直接关系的疾病，也成为社会普遍关注的热点。为此，采取有效措施对室内有害物质进行控制，将其危害防患于未然，这对提高人类室内生活质量和环境保护有着重要的意义。

6. 在审美观念方面

在生态文明建设中，绿色建筑室内空间创建强调的是自然生态美学观念，提倡的是质朴、简洁而不刻意雕琢，并强调人类在遵循生态规律和美的法则前提下，运用科技手段加工改造自然，创造人工生态美，以欣赏人工创造出的室内空间环境和与自然的融合，带给人们的不是一时的视觉震惊而是持久的精神愉悦，这是一种更高层次上对意境美，以及和谐有机的生态审美理想的追求。

绿色建筑室内环境设计是步入 21 世纪以来设计师们面对的必然选择，它必将在未来重建人类良性的生态家园的过程中发挥至关重要的作用。

3.1.3 未来绿色建筑室内环境空间创建的发展趋势

室内环境设计是建筑设计的深化，是绿色建筑设计中的重要组成部分。随着社会进步和人民生活水平的提高，绿色建筑室内环境设计，在人们的生活中越来越重要。而在人类文明发展至今的现代社会中，人类已不再是只简单地满足于物质功能的需要，更多地需求是寻求精神上的满足。为此，在进行生态文明建设的当下，未来绿色建筑室内环境空间创建的发展趋势主要表现在下列几个方面：

1. 倡导适度消费的理念

倡导现代节约型的生活方式，反对在建筑室内环境中的豪华和奢侈铺张，强调把生产和消费维持在资源和环境的承受能力范围内，以维护其发展的持续性，并展现出一种崭新的生态文化价值取向。

2. 注重自然资源及材料的合理利用

在建筑室内空间组织、装饰装修、陈设艺术中应尽可能多地利用自然元素和天然材质，以创造自然、质朴的生活与工作环境；同时，强调在建筑室内环境的建造、使用和更新过程中注重对常规能源与不可再生资源的节约和回收利用，即使对可再生资源也要尽量低消耗使用。

3. 从设计的传统审美向生态审美内容上的转型

在设计中强调自然生态美，欣赏质朴、简洁；同时强调运用科技手段加工创造出的室内绿色景观与自然的融合，形成生态美学的新追求。应按"绿色设计"的理念来进行未来绿色建筑室内环境空间营建，并在生态文明建设实现自然、环境和人三者之间的和谐发展，这也是生态文明建设对未来绿色建筑室内环境空间营建提出的更高层次的审美需求。

3.2　绿色建筑室内环境设计探源

回顾世界人居环境的演变历程可知，人类对绿色人居环境的营建从古至今都未停止。在遥远的史前时期，由于生产力水平低下，人类敬畏自然、依存自然，营造出的空间大都是天然洞穴或"构木为巢"的屋舍。仅仅是为遮风挡雨以获得安全上的庇护，体现出的只是其自然属性，属于自然的一部分，其对生态环境的影响不大。只是这些天然形成和搭建简陋的住所毕竟太不舒适。因此，进入奴隶社会与封建社会时期，由于生产力发展，产品剩余导致商品经济，行业分工形成社会阶层，建筑逐渐被赋予了"权力"和"财富"的象征意义，人类为了更好地生存，建房屋、修围墙、筑城池，其目的都是为了使人类获得更为舒适、安全的生存空间，以适应自然和发展的需要。其间随着社会的发展，人口增加，农业生产和建筑活动增强，人类大量砍伐森林和开垦土地，对自然造成了一定程度的危害，但尚未超出自然的承载能力，建筑活动的破坏性也并不为人们所重视。

工业革命以来，伴随着科学技术的不断进步，社会生产力得以空前提高，城市人口急剧增加，创造了前所未有以工业化密集型机器大生产为标志的人类文明，这种文明以大量资源消耗和环境损失为代价，从而危及到了人类自身的生存，也导致"自然—人—环境"的平衡关系被打破。

进入 20 世纪以来，全球兴起了一场"绿色运动"，以此寻求人类持续生存和可持续发展的空间。人们逐渐认识到，人类长期无节制地征服、掠夺自然的扩张行为给整个自然界带来了无法弥补的巨大损失与破坏，同时也给自身和后代的生存造成了严重的威胁，严酷的事实促使人类进行思考和反省，随着人们对赖以生存的地球环境认识的不断深入，人们保护生态环境的意识也在不断加深。

面对保护生态环境、维护生态平衡这一全球性课题以及日益蓬勃发展的绿色运动，在建筑这一与人类息息相关的领域，绿色建筑及其内外环境的营造更是日益受到关注。

3.2.1 传统建筑及室内环境设计中的绿色呈现

在人类建筑发展的历史长河中，散布于世界各地的传统建筑曾经产生形形色色的建筑类型与形式。从史前时期人类居住过的山洞、土穴、猛犸象骨搭建的房屋到现代凌空而起的钢筋水泥结构超高层建筑等，前后经历了几十个世纪漫长的探索历程。而人类利用不同的围合方式形成各自所需的内部空间，不仅有别于昔日的自然空间更利于人的居住，能抵御风霜雪雨、毒蛇猛兽，为人类提供了永恒的保护与适宜居住的生活场所（图3-5）。

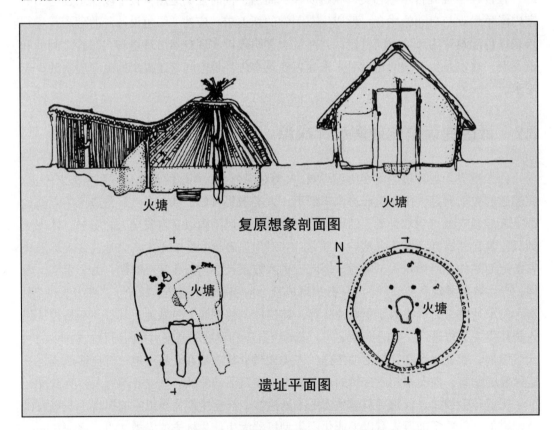

图 3-5　人类利用不同围合方式形成各自所需的内部空间

显然，空间是建筑的主角，空间的变革和技术的进步促使了建筑的发展，建筑的外部造型只是内部空间的一层膜而已。内部空间是人类的栖身之地，人的一生可以说大部分时间是在不同建筑所提供的内部空间里度过的。这里所说的内部空间，即是建筑及其相关场所的室内空间环境。

常言道一方水土养一方人。由于世界各个国家与地区所处地理环境及文化背景和生活习俗方面的差异，无论是半穴居式的房舍、窝棚，还是毡包、合院式住屋，历经数千年的演变均形成了各具地域特色的建筑及其室内环境风貌。如公元前32世纪前，开始出现土坯房屋，最早的土坯房屋窗洞开得少而小，墙与顶也做得很厚，以便于保温与隔热；公元前4世纪出现了干阑式木构架建筑，其建筑下层架空，上层用来供家人居住。这种干阑式房屋刚开始结构简单，规模较小，后经千百年不断发展，即形成东方诸国与自然环境有机结合且完整的建筑体系，以及自成一体的建筑室内空间形式；进入公元2世纪，合院式（庭院式）住屋出现，这种建筑为砖木结构，形式中"口"字形的称为一进院落、"日"字形的称为二进院落、"目"字形的称为三进院落等，较以前的合院式住屋在功能使用上也有很大的进步；公元8世纪前后，采用石料建造的宫堡式房屋建筑出现，它是封建主为了防御外来袭击而建造的比较坚固的居住建筑；而在公元12世纪前后，开始出现砖石结构的房屋建筑，因其施工灵活得以在世界各地广泛推行。

归纳来看，世界各地呈现出绿色特征的传统建筑及室内环境设计形式包括木构住居、竹木苇草住居、石砌住居、地下住居、土筑住居与游动住居等（图3-6）。

此外，还有树上、悬吊等住居形式，这些处于不同地域的人居环境空间，是经过长期演变逐渐形成的。不同地区的地质水文、土壤植被、地形地貌、温度湿度、太阳辐射、风雨雷电等自然地理与气候环境条件的差异，导致传统建筑及室内环境在空间组合、功能布局、建房用材、结构构造、采光照明、遮阳避雨、自然通风、防寒保温等形式上展现出丰富多样的住居形式，反映出人类依附自然、利用自然，追求安全舒适的生存环境空间的绿色观念。其中不仅呈现出中国传统文化中朴素的建筑理念，这些理念源于人们经过长期探索而逐渐积淀下来处理人、建筑与自然环境的实践经验，以及人们认识到人与自然是不可分割的整体，在"天人合一"思想指导下的人与自然和谐统一的设计原则。而且也将西方传统文化中自然观的发展轨迹展现出来，在历史上自然曾作为极其重要的审美对象给人类带来巨大而持久的愉悦；曾对人类宗教意识的萌生产生过重要作用；也曾深刻地影响过人类的社会观念，并指导人们处理与自然环境关系的各种活动（包括建筑活动），诸如古希腊的自然哲学，其价值在于"它并没有像近代人那样把人设想成超越于自然事物之上的存在。即在希腊人看来，人始终是自然界的一部分，人的最高目的和理想不是行动，不是去控制自然，而是静观，即作为自然的一员，深入到自然中去，领悟自然的奥秘和创造生机"。

正是中西传统文化中凸显出的朴素的哲学思想和尊重自然的观念，使其传统建筑及其室内环境的构筑能够呈现出"崇尚自然、因地制宜、适应环境"，以及"结合地景、顺应气候、就地取材"等绿色要素，这些"绿色要素"是指有利于维护生态平衡、保护环境、节约资源的人居环境营造理念和建造经验，也是传统建筑及其室内环境设计留给今人尚需不断挖掘、总结和传承的生态文化遗产及其可供解读的绿色物质载体。

图 3-6 世界各地区呈现绿色特征的传统建筑及室内环境形式
a）木构住居　b）竹木苇草住居　c）石砌住居　d）地下住居　e）土筑住居　f）游动住居

3.2.2　现代建筑及室内环境设计中的绿色考量

绿色建筑的发展是人类社会发展的必然路径，进入20世纪以来，人类与自然矛盾的激化再次把人们推到了文明发展的十字路口。工业革命在给人类创造了巨大的物质财富和舒适便利的生活方式的同时，却给自然界带来了巨大的消耗与破坏。全球性的资源短缺、环境污染、生态失衡使得工业化的生产方式和经济模式不能再进行下去了。近代工业文明带来经济、社会、环境的不可持续性，人类的生存与发展面临着生态环境恶化带来的巨大挑战与危机。这就迫使人类必须反思人与自然的基本关系，思考人类文明的未来发展。随着生态环境意识的觉醒，自然观、发展观、价值观的提出，具有理性和创新能力的人类，开始有意识地改变和调整自身对待自然的思维方式与行为方式，以人与自然和谐共生为首要目标的生态文明迎来了面向未来的曙光。

　　在全球资源环境危机中受绿色运动的影响和推动下，全球兴起了一场"绿色运动"，以此寻求人类持续生存和可持续发展的空间。"生态"思想的出发点是保护自然资源，调整人类行为，满足自然生态的良性循环，保证人类生存的安全。通过对人类文明发展进程中传统建筑及室内环境设计中的绿色栖居方式的梳理，可见绿色人居环境构筑在人类文明发展历史中的贡献及可供借鉴的价值，做出现代建筑及室内环境设计中的绿色考量，即只有将现代建筑及室内环境纳入到生态文明建设的高度来认识，才能体现出其时代价值，彰显出生态文明建设的意义，这里所说的生态文明也就是"绿色文明"。可以说，绿色建筑及室内环境设计是与生态文明相适应的人类的栖居方式（图 3-7）。

图 3-7　绿色建筑及室内环境设计是与生态文明相适应的人类栖居方式

　　从原始社会简陋的搭棚掘洞用以遮风避兽，到中世纪鬼斧神工的殿堂庙宇，再到今日高楼入云、冷暖恒定的建筑。人类在建筑创造实践的过程中，既充分发挥和完善了自己的智慧，积累了丰富的工程建造经验，又拓展了人类建筑及室内空间环境的使用意义。步入 21 世纪，随着全球绿色浪潮在各个领域的潮起潮涌，尤其是现代生态文明建设对绿色人居环境营建的引导，使人们对当代建筑及室内环境设计的需要，从以往只注重建筑及室内环境的美学层面，转变到其能够对生态审美表达的高度；从以往只关注建筑及室内与人的关系，转变为进一步关注人、室内与自然三者之间的和谐关系，从而使建筑及室内环境设计理念提升到了与自然和谐相处的发展新高度。

　　作为地球整个生态链中的一个有机组成环节，与人类生存的整个自然环境相比，建筑室内环境仅为其人居环境空间中的一个微观环境。但它与建筑围护结构相比离使用者更近，关系也更为密切，是人居环境重要的一个组成部分。为此在进行建筑室内环境设计时需要考虑其对于整个生态系统的影响，尽可能减少对地球资源的消耗，有利于人类生态环境的健康发展，且不给整个环境带来额外的负担。并能从现代生态学的角度出发，对建筑及其室内环境做出综合性的功能布置与艺术处理，以提高人们的生活境界和文明水准，直至增进人类生活的幸福和提高人类生命的价值。

3.2.3 现代建筑及室内环境设计中的绿色实践

20 世纪以来，绿色实践也摆在一批思想敏锐并具有工程营造经验的设计师面前。第二次世界大战使不少城市变成一片废墟，出现了世界性房荒。为了医治战争的创伤，发展经济和改善人们的居住条件，在世界范围内掀起了城市建设的高潮，并取得了巨大的成就。但在城乡建设中对土地资源的掠夺、对森林的破坏、对文化遗产的破坏以及环境污染等问题也日益严重。面对各种现实问题，人们开始从不同角度对战后重建进行反思，以探索现代建筑及室内环境设计新的出路。

随着现代科学技术的迅猛发展，新的科学方法论不断提出，环境文化不断发展，城市规划和建筑设计思想与理论也发生了新变化。如在生态学研究的推动下，1958 年希腊成立了"雅典技术组织"，在多加底斯（Doxiadis）的领导下，建立了研究人类居住科学的人类环境生态学学科；在系统论研究的推动下，1959 年荷兰建筑师首先提出整体设计（Holistic design）和整体主义（Holism）的概念；20 世纪 50 年代后期进一步发展了多种城市环境学科，如环境社会学、环境心理学、社会生态学、生物气候学、生态循环学等学科，这些学科相互渗透结合，成为研究"人、自然、建筑、环境"的新学科群。

此外，随着经济、科技与工程技术的发展，产生于 20 世纪的现代建筑以令人瞩目的技术，以及钢、玻璃和混凝土等大一统材料，使建筑与自然环境和地域特性产生对立，全球化、趋同性等现象的出现也促使建筑及室内环境设计师们不断反思，纵览现代建筑及室内环境设计作品，在以"国际式"为主流的设计创作中，仍有许多建筑及室内环境设计师们始终在孜孜不倦地探索着建筑与自然环境之间的关系。而作为建筑空间主角的室内环境设计，也就自然成为生态建筑设计的重要组成部分。在这个方面，现代建筑设计大师如美国的 F.L. 赖特和法国的勒·柯布西耶，芬兰的阿尔瓦·阿尔托，美国的理查德·巴克明斯特·富勒，印度的查尔斯·柯里亚，埃及的哈桑·法赛，瑞典的拉尔夫·厄斯金，马来西亚的杨经文，日本的坂茂、丹下健三、黑川纪章，英国的诺曼·福斯特等均做出了不懈的努力，并取得了一系列的设计实践探索成果。

1. 美国现代建筑设计大师赖特的"草原住宅"与有机建筑论

弗兰克·劳埃德·赖特（Frank Loyd Wright，1867～1959）是现代主义建筑大师，1869 年出生于美国威斯康星州。他的建筑创作崇尚自然，并自始至终从传统建筑及其自然环境中汲取灵感。这位出生并生长在美国中西部的建筑师，根据使用功能确定建筑及室内环境的用材，并注重将建筑植根于大地且与自然环境融为一体（图 3-8）。

赖特的建筑及室内环境设计的特点主要表现在尊重自然、模拟自然、尊重材料的本性和重视建筑与自然气候的关系四个方面。赖特从 1893 年开始独立执业，在 20 世纪最初的 10 年中在美国中西部设计了许多小住宅和别墅，这些与自然环境结合紧密。这部分建筑后来被称为"草原住宅"（Prairie House），其中"草原"用以表示赖特设计的住宅与美国中部一望无际的大草原结合之意。具有代表性的作品有 1907 年在伊利诺伊州河谷森林区设计的罗伯茨住宅（Isabel Roberts House）及 1909 年在芝加哥设计的罗比住宅（Robie House）等。其间赖特一共设计和建造了 50 多栋"草原住宅"，这些建筑既有美国民间建筑的传统，又突破了旧式住宅的封闭性，适于美国中西部草原地带的气候和地广人稀的特点，其建筑富于田园诗意。

在二次世界大战期间，赖特于 1936 年设计了著名的流水别墅，其设计把建筑架

图 3-8　现代主义建筑大师弗兰克·劳埃德·赖特

在溪流上。别墅采用钢筋混凝土大挑台的结构布置，使别墅的起居室悬挂在瀑布之上。在造型上仍采用其惯用的水平穿插，横竖对比的手法，形体疏松开放，与地形、林木、山石流水关系密切。室内外空间连续而不受任何因素破坏。起居室的壁炉旁一块略为凸出地面的天然巨石被原样保留着，地面和壁炉都是就地选用石材砌成。赖特对自然光的利用巧妙，使室内空间生机盎然。另外，流水别墅空间陈设的选择、家具样式设计与布置也都匠心独具，使内部空间更加精致和完美。

"西塔里埃森"是赖特在亚利桑那州的一处沙漠高地上修建的一处冬季使用的总部，它是在赖特夫妇带领下，完全由一些追随者和从世界各地去的学生们自己动手建造的。它的建筑方式因此很特别，先用石块和水泥筑成厚重的矮墙和墩子，再用木板和白色的帆布遮盖。从外观看，粗犷的红褐色的毛石墙参差起伏，上面架着裸露的巨大的赭红色曲梁，这些木梁锯而未刨，木纹、节印、斧痕、钉迹都可见。进入室内是几个大空间，里面再划分成卧室、工作间、娱乐室等，通过张拉木梁上的帆布进入阳光。室内设计最精彩的是图书室尽端用巨石砌成的峭壁，它与屋顶相通处留了一段空隙，仰望可观天。垂枝挂藤的峭壁下做成壁炉，炉床下沉成水池，每逢下雨，悬崖流下的雨水顺着一段很长的室内穿越空间。在这里赖特把户外的情趣朴实地引进室内，形成了犹如洞天府地的室内效果（图 3-9）。

赖特创立"有机建筑"（Organic architecture）理论，由于该理论在与环境的关系上始终坚持相容而不是相对的立场，因此自始至终蕴涵着强大的生命力，成为当今生态建筑实践的重要组成部分。

图3-9 赖特的"有机建筑"

a）、b）赖特于1936年设计的流水别墅建筑及室内环境

c）、d）赖特在美国亚利桑那州一处沙漠高地上修建的"西塔里埃森"建筑及室内环境

2. 法国现代建筑设计大师勒·柯布西耶的建筑"自然观"

勒·柯布西耶（Le Corbusier，1887～1965）是现代主义建筑大师，他1887年出生于瑞士，曾在巴黎A·佩雷和柏林P·贝伦斯建筑事务所工作，受到新建筑思想的影响。勒·柯布西耶1923年出版《走向新建筑》一书，主张把建筑美和技术美结合起来，把合目的性、合规律性作为艺术的标准，主张创造表现时代精神的建筑，同格罗皮乌斯一样，提出建筑设计应该由内到外开始，外部是内部的结果（图3-10）。

勒·柯布西耶在建筑思想观念、设计方法上与赖特大相径庭，他以独特却具有深远影响的方式诠释他的建筑"自然观"。其一是勒·柯布西耶主张将自然要素引入到建筑空间中，他在1922年提出"公寓式别墅"方案，

图3-10 现代主义建筑大师勒·柯布西耶

每两户共享一个设立在开敞阳台上的空中花园,将自然引入到住户。另提出"建筑五点""底层架空"等来保证场地中土壤、地貌、植被等自然环境的连续性,实现建筑与环境的融合。"屋顶花园"更是将自然景观植入到远离地面的建筑空间系统中,并对在大地上建造建筑进行了"生态补偿"。其二是他从地域建筑传统中发掘出了应对气候影响的建筑语汇并应用到设计之中,如由"格构架"、深凹窗洞、混凝土花格等构成的"遮阳立面系统",即是勒·柯布西耶对热带的地域建筑进行考察后所创造。其三是勒·柯布西耶的建筑与城市在功能关系、空间形态上形成"同构"关系,以使他的建筑自然观同样也映射在其城市研究和城市规划与建筑设计方案之中(图3-11)。萨伏伊别墅是现代主义建筑的经典作品之一,位于巴黎近郊的普瓦西(Poissy),由勒·柯布西耶于1928年设计,1930年建成,使用钢筋混凝土结构。这幢白房子表面看来平淡无奇,简单的柏拉图形体和平整的白色粉刷的外墙,简单到几乎没有任何多余装饰的程度,"唯一的可以称为装饰部件的是横向长窗,这是为了能最大限度地让光线射入"。第二次世界大战后,萨伏伊别墅被列为法国文物保护单位。在别墅设计之初,柯布西耶的原本意图是用这种简约的、工业化的方法去建造大量低造价的平民住宅,没想到老百姓还没来得及接受,却让有亿万家产的年轻的萨伏伊女士相中,于是成就了一件伟大的作品,它所表现出的现代建筑原则影响了半个多世纪的建筑走向。其建筑的内部空间比较复杂,各楼层之间采用了室内很少用的斜坡道,坡道一部分隐在室内,一部分露于室外。这样既加强了上下层的空间连续性,也增强了室内外空间的互相渗透。

图 3-11 勒·柯布西耶的建筑"自然观"

a)b)勒·柯布西耶于巴黎近郊设计建造的萨伏伊别墅建筑及室内环境

c)d)勒·柯布西耶设计著名的马赛公寓建筑及室内环境

1952年，勒·柯布西耶在法国马赛市郊建成了一座举世瞩目的超级公寓住宅——马赛公寓大楼，它像一座方便的"小城"，是勒·柯布西耶著名的代表作之一。大楼用钢筋混凝土建造，通过支柱层支撑在3.5×2.47（英亩）面积的花园，这种做法是受一种古代瑞士住宅——小棚屋通过支柱落在水上的启发，主要立面朝东和西向，架空层用来停车和通风。建筑室内重复着其立面的风格，略为凸起的卵石饰面，拉毛材料的顶棚，粗面混凝土饰面的立柱，色彩大胆强烈的家具，在一层门厅处墙上挂着柯布西耶的设计作品。现在的马赛公寓不仅是一个密集型住宅，还是一个缅怀、纪念大师的场所。

3. 芬兰著名建筑师、人情化建筑理论的倡导者阿尔瓦·阿尔托

芬兰著名的建筑师阿尔瓦·阿尔托（Alvar Aalto，1898～1976）也是一位世界级的建筑大师（图3-12）。他在20世纪20年代就受到现代主义建筑运动的影响，是第一代建筑大师的追随者，其后则形成了自己的建筑观点和设计风格。

阿尔瓦·阿尔托总是以其独特的视角关注着人、自然和技术之间的关系，他追求浪漫情感与地域特点相结合的设计理念，对当今的生态建筑有着极其深远的影响。尽管植根于现代建筑那种强调整体功能要求的设计原则，他还是倾注极大的热情来研究地域文化与建筑的关系，以及建筑的"人情化"等问题。他终生倡导人情化建筑，主张一切从

图3-12 芬兰著名的建筑师阿尔瓦·阿尔托

使用者角度出发，其次才是建筑师个人的想法。他的建筑融理性和浪漫为一体，给人以亲切温馨之感。阿尔托热爱自然，他设计的建筑总是尽量利用自然地形，融合优美景色，风格纯朴。其建筑内外环境设计作品最为突出的特点即表现在与周围环境的密切配合、巧妙利用地形、布局上的使人逐步发现、尺度上的"化整为零"和与人体配合、运用不规则的曲面、变化多样的平面形式、室内空间的自由流动和不断延伸等方面。具体则表现在对砖、木等传统材料的运用及对现代材料的柔化和多样性处理上（图3-13）。

在阿尔托的设计中，木材具有极大的弹性和可塑性，木材变化的纹理和人情化的质感不同于工业产品而独具表现力。木材不仅成为他的建筑空间的组成元素，而且是其设计的畅销至今的经典家具的主要构成部分。不可否认阿尔瓦·阿尔托的设计作品中运用了现代主义的手法，但他更注重从精神与实用两个方面对人与建筑、室内的相互间关系进行推敲，将自然光引入室内，静静地温柔地投射在家具上、人的脸上、身上、背上……满屋的流光溢彩，温情脉脉。如1938年他设计的玛丽亚别墅，其建筑入口采用白粉墙和木质的阳台栏板，雨罩呈曲线形，支柱是以皮条扎成的木棍束，使建筑显示出休闲性

图 3-13　阿尔瓦·阿尔托的室内设计作品
a）丹麦恩格努依教堂建筑室内环境　b）瑞典阿斯特拉·哈斯勒研究公司建筑室内环境
c）芬兰赫尔辛基总统官邸建筑室内环境　d）挪威餐饮建筑室内环境

特点。别墅内部房间的大小、形状、高矮、地面材料富于变化，空间分割曲折自由，有虚有实。阿尔托将他在家具和器皿设计中得来的造型大量用于这座别墅的设计处理上，从而使得建筑形体和空间显得柔顺灵便，减少了几何形体的僵直感，并且同人体和人的活动更相契合。

赫尔辛基的芬兰年金协会是一座复杂的政府办公设施，但是建筑体量适合的尺度以及外墙暖色调的砌砖都和室内发生着关联，并使室内令人愉悦并适用。同时，贯穿整个建筑的细部和照明设计也为此类公共建筑提供了样板。位于伊马特拉的武奥克森尼斯卡教堂则创造了一个宽敞的室内空间，该空间可被曲线形滑动墙体分隔，以满足不同规模组团的使用要求。日光流淌进空间，空间主色为白色，而地板和家具呈现出原木的本色。阿尔托同样设计了圣坛设施（甚至包括圣坛布），大窗户上彩色玻璃的细小嵌入物，以及侧边挑台上大型管风琴的陈列布置。阿尔托的建筑从室内到室外风格统一协调，这是他一贯的追求。他设计的建筑都尽可能自己做室内和家具设计，他很早就利用模压胶合板和薄木弯曲工艺设计椅子，其中最能代表其成就的是帕米欧扶手椅。这个造型新颖别致的椅子用在帕米欧肺病疗养院里，其柔软的曲线造型受到病人和疗养院的欢迎。

可见阿尔瓦·阿尔托的建筑及其内外环境设计定是完全融入自然环境中，从属于自然环境的，阿尔托将简单教条的建筑语言演变为含蓄的地方情感，加之对当地独特的气候条件、文化背景和经济状况的熟悉和了解，使他的设计永远不会脱离当地的人文与自然环境。

4.美国建筑师理查德·巴克明斯特·富勒的"少费多用"思想

建筑学家理查德·巴克明斯特·富勒（Richard Buckminster Fuller，1895～1983）是现代主义建筑设计的先锋，他对生态建筑也有着卓著的贡献，1922年提出的"Ephemeralization"的概念，所表达的意思即是指使用较少的物质和能量，以追求更加出色表现的思想，也就是"少费多用"的思想（图3-14）。

图3-14 建筑学家理查德·巴克明斯特·富勒及其设计的美国万国博览馆球形圆顶薄壳建筑

巴克明斯特·富勒的"少费多用"思想更加侧重于利用技术来解决人与环境之间的问题，该思想也是现代城市类型的生态建筑设计理论与实践的重要思想源泉，影响了一批设计实践者，并与今天所倡导的绿色建筑节约理念非常相似，但是又与绿色人文理念更加注重地域特征有所冲突，这正是时代的变迁和人们对绿色建筑认识的不断深入所带来的。

理查德·巴克明斯特·富勒所从事的工作包括设计、艺术、科学和哲学等，最值得引起重视的是他的研究理论：相对于宇宙，地球只是沧海一粟，地球上各个系统及组成部分是彼此联系、互相依存的。理查德·巴克明斯特·富勒倡导技术先行来解决人口剧增、城市更新等问题，但从未提到过即将发生的生态环境危机，显然他认为人类的自身资源——智慧和技术进步可以缓解或避免这些危机。他合理、公正地分析了全世界的资源分配利用问题，认为全世界是一个平衡的生态有机体，提出应该在全球范围内可持续发展的观点，要对有限的物质资源进行最充分和最合宜的设计，满足人类的长远需要。他的名言"少费多用"，常令人想起密斯·凡德罗的名言"少就是多"，密斯是对美学内涵的表现形式的阐述，而富勒面对的则是严谨的科学和工程技术的简约精神。他的创造发明与构造施工都着眼于工程学的角度，通过精确的几何学计算加上对材料富有创造力的使用，将生产、组装、运作等方面所需资源都缩减到最少。他所创作的短线穹隆（geodesic dome）以材料省、重量轻的组合覆盖空间结构而著称于世。

理查德·巴克明斯特·富勒于 1929 年设计的狄马西昂住宅，使富勒的名字迅速为人所知。其中 Dymaxion（动态最大）一词是富勒将"动态""最大化"和"张力"三个词汇综合在一起而创造出来的，这种住宅是由一根中心柱子吊着整个六角空间而构成的，无论是外观造型还是室内空间都给人以全新的感觉。它超越了传统的捆绑在水电管网上的砖盒子的住宅概念，具有合适的模数关系，高效、灵活、舒适，重量轻，可以安装在任何需要的地点，完全采用自动化控制，而且可以利用太阳能和电池实现能量自给。这一设计对于减少建造过程对环境造成的破坏，减少资源的消耗有着十分重要的意义，它促使人们在设计中寻找利用高效率的技术手段代替传统的技术。但是，正如富勒所预见的那样，建筑业将仍然维持着以往的传统：技术革新少、劳动强度大、施工工期长、建造精度低，因而他的"少费多用"理论首先在其他诸如造船、航空、宇航等领域得到了发扬光大，进而逐渐地为人们所接受并得到发展。

5. 其他建筑及室内环境设计中的绿色实践探索

除以上现代建筑及室内环境设计中的绿色实践探索成果外，20 世纪中叶以来，在绿色设计实践中还有不少设计师取得具有探索性的设计成果（图 3-15）。

印度建筑大师查尔斯·柯里亚（Charles Correa）以湿热气候地域建筑为研究对象，提出了一系列生态设计策略：例如"走廊围绕主空间"适用于干燥而且冬季寒冷、夏季炎热的地域；"空气对流散热"适用于干燥而且冬季寒冷、夏季炎热的地域，特别是适用于平行承重墙的建筑体系，代表作有阿穆达巴的圣雄甘地纪念馆（1960 年），加霸的斋浦尔艺术中心（1990 年），博帕尔省维德汉·巴瓦尼州议会大厦（1998 年），以及在印度的达理、孟买、阿穆达巴等城市的许多市镇规划及住宅设计。

干热气候区的埃及建筑师哈桑·法赛（Hassan Fathy）则认为，人是有机生态系统中的一员，同周围环境不断地相互影响，相互改变，而建筑像植物一样处于周围环境的影响之下。如法赛在沙特阿拉伯的一座现代别墅设计中，将木板帘设计在接待男宾的主接待室的上部，

图 3-15　20 世纪中叶以来的绿色设计实践

a）印度建筑大师查尔斯·柯里亚在阿穆达巴的圣雄甘地纪念馆　b）埃及建筑师哈桑·法赛的 Hammed Said 住宅
c）德国汉诺威世博会上的荷兰馆　d）美国田纳西州的植物馆

其他布置在相邻房间的周围，右侧为捕风窗。这种将接待室布置在建筑中央部位，其他房间分布在周围的做法非常重要，它利用气候缓冲区保护中央部位，减少外部热量对接待室中央部分的影响，保证接待室上层和下层空气之间的最大温差，促进了室内空气的循环。

采取措施减少建筑与外环境之间的热交换，通过控制形式和设计构造节点来减少能耗，关注季节规律的变化，建筑内外空间要适应气候特点，其作品有伦敦船楼等。

高寒气候地域的瑞典建筑师拉尔夫·厄·斯金（Ralph Erskine）的设计思想主要体现在 20 世纪 80 年代，马来西亚建筑师杨经文（Kenneth King Mun YEANG）一直致力于建筑的生物气候学研究，在他的观念中，建筑首先应该是同当地气候条件相一致的，是节约的和生态的，这样的建筑物会因为其建筑的运转能耗减少而降低成本，能够对气候条件做出灵敏反应的建筑物将会提高使用者的舒适感，并和外部的气候取得更密切的联系。杨经文的代表作有马来西亚 Subang Jaya 的梅纳拉大厦（1995），槟榔屿州的 Mennara Umno 大厦（1995 年），新加坡国家图书馆管理局大厦等。针对世界能源消耗量日益增多和能源资源有限的状况，杨经文在设计中强调了节能，并特别研究了高层建筑的节能问题。同时，从生物学的角度研究了建筑及室内环境设计方法论。

日本建筑师坂茂（Shigeru Ban）是当今最具创新精神的实验建筑师的代表人物之一，从 20 世纪 80 年代起他即以对纸建筑的研究而闻名于世界。坂茂位于日本 Yamanakako 占地 110m^2 的自宅，由 2 块边长 10m 的正方形水平板和呈 S 形排列的若干纸筒所构成。纸筒高 2.7m，直径 28cm，厚 1.5cm。这些纸筒既是建筑的结构支柱，也是不同功能空间的限定构件，同时还是建筑与周围环境之间的联系元素。建筑的垂直荷载由 10 个这样的纸筒所负担，横向荷载则由 8 个内部的纸筒来承担。这 8 个纸筒围成的圆形自然限定出一个起居空间，而由方形的外墙与纸筒所围成的区域则形成了浴室空间，厕所藏于角部的另一个圆筒之内。坂茂的自宅采用了推拉式玻璃门作为外墙，如果将玻璃外墙全部移开，建筑就成为一个名副其实的亭子。当然，主人在必要时也可以拉上帆布窗帘以保护自己的隐私，同时增加外墙的隔热、隔声性能。设计师通过水平元素的运用和精致的木质家具获得了室内和周围景观之间的空间连续性。该建筑也是现代简约概念的一个生动例子，室内空间的限定元素被简化到了极点。

坂茂认为纸质材料作为一种值得探索的新型绿色建筑材料，虽然在结构体系中的应用还有较大的困难，但纸质材料还是可以像木材那样，在经过处理后达到防火、防水、防潮等功能，用作建筑的非结构元素。经过试验、设计、施工和各种审查，坂茂在 1993 年终于取得了纸建筑的建设认证，从而对坂茂在纸建筑方面的发展提供了保障。

还有以日本建筑师丹下健三（Kenzo Tange）、黑川纪章（KISHO KUROKAWA）等提出的新陈代谢理论，虽然强调了利用最先进的当代技术和材料来建造建筑，但是他们更加强调生命和生命形式，历史传统和地方风格以及场所性质。将建筑及室内环境设计看作在时间和空间上都是开放的系统，就像有生命的组织一样。

而"高技派"代表人物，英国著名建筑师诺曼·福斯特（Norman Foster）则强调人类与自然共同存在，并需从过去的文化形态中吸取教训，提倡那些适合人类生活形态需要的建筑及室内环境设计方式。诺曼·福斯特在柏林德国国会的改造中对玻璃穹顶的运用可以说具有浓厚的文脉倾向，巨大的玻璃穹顶延续了罗马式的空间形象，是传统精神以现代科技形式在历史建筑及其室内环境设计中的再现。

进入 21 世纪以来，我国在绿色建筑及室内环境设计实践应用上也有了长足发展。从2008 年起我国将建筑领域绿色节能纳入国家经济社会发展规划和能源资源、节能减排专项规划，作为国家生态文明建设和可持续发展战略的重要组成部分。截至 2016 年底，全国城镇新建建筑全面执行节能强制性标准，累计建成节能建筑面积超过 150 亿 m^2，节能建筑占全部民用建筑比例为 47.2%。在绿色建筑评价标识方面，全国累计有 8000 个建筑项目获得绿色建筑评价标识，建筑面积超过 12 亿 m^2。在既有建筑节能改造方面：北方供暖地区共计完成既有居住建筑供热计量及节能改造面积 13 亿 m^2；在夏热冬冷地区既有居住建筑节能改造备案面积为 1778.22 万 m^2；在公共建筑领域，第一批重点改造城市（天津、重庆、深圳、上海）共改造面积达 400 万 m^2，综合节能率达 20% 以上，并已完成通过验收。

在建筑及室内环境设计的绿色实践探索层面，我国从 20 世纪后期也开始行动（图3-16）。已有西安建筑科技大学承担并完成的国家自然科学基金重点项目"黄土高原绿色建筑体系与基本聚居单位模式研究"及其陕西省延安市枣园村住区示范建设项目、浙江湖州市安吉乡村生态民居、南京市锋尚国际公寓、北京市房山区中粮万科长阳半岛 11 号地工业化住宅、武汉市蓝湾俊园居住小区、清华大学超低能耗示范楼、中国国家环保部履约中心办公大楼、上海市建筑科学研究院绿色建筑工程研究中心办公楼、重庆市中冶赛迪大厦、常州市绿色产业集聚示范区绿色研发中心、苏州朗诗国际街区、"2010 年上海世博会"绿色建筑及室内环境设计案例、北京四中长阳绿色校区、华中科技大学建筑与城市规划学院院馆展览大厅室内环境等，均结合建筑及室内环境设计绿色实践方面的需要进行探索，取得了一系列具有建设性的成果，展现出绿色建筑及其室内环境设计在我国发展的良好态势。

图 3-16 我国建筑及室内环境设计的绿色实践
a）陕西延安枣园村住区示范建设项目　b）浙江湖州市安吉乡村生态民居　c）江苏南京市锋尚国际公寓绿色住区
d）清华大学超低能耗示范楼　e）重庆市中冶赛迪大厦　f）华中科技大学南四楼展厅室内环境

3.3　绿色建筑室内环境设计特征

　　人是室内环境的主体，设计必须以人为本。进行绿色建筑室内环境设计，需把握住绿色建筑室内环境设计的特征，以便在设计实践中做到有的放矢。绿色建筑室内环境设计的特征（图 3-17）主要表现在以下几个方面。

图 3-17　绿色建筑室内环境设计实例

a）整体特征　b）持续特征　c）科技特征　d）经济特征　e）动态特征　f）审美特征

3.3.1 整体特征

绿色建筑室内环境的特征包括与建筑空间、自然环境及室内环境诸多要素的整体关系的处理。

1. 与建筑空间的整体关系

作为建筑重要组成部分的室内环境,它与建筑空间本身之间、与自然环境之间以及室内诸要素之间都是一种相辅相成的整体关系,不可割裂。不管建筑与室内环境设计工作的分工如何明确,不管最后由谁来负责室内环境设计工作,也不管最后的室内环境设计采用何种具体的手法、达到何种程度,建筑与室内环境设计之间的整体统一关系永远都是设计师应该重点考虑的内容。要做到上述要求,就必须坚持建筑与室内的一体化设计,即从建筑设计开始,建筑师就应该充分考虑今后建筑的使用要求,如果由室内设计师担任室内环境设计任务,那么室内设计师一开始就应该加入设计的行列,参与到建筑设计的工作中来。以这种观点来进行建筑室内环境设计,能够取得城市环境的连续性,使建筑具有更好的可持续发展特点。

2. 与自然环境的整体关系

绿色建筑室内环境与周围环境之间也是一种有机统一的整体关系。而符合生态原则的室内环境设计必须处理好室内与自然环境之间的关系问题,建筑室内环境作为整体环境的一部分,作为地球总的生态链中的一环,它必须与其他各个环节协调发展。绿色建筑室内环境设计主要着眼点有两方面,一是提供有益健康的室内环境,并为使用者创造高质量的生活环境;二是保护环境,减少消耗。然而在现实当中,这两者之间存在着一定的矛盾,事实上往往是人们为了追求高质量的人工生活环境而向自然索取并大量消耗。因此绿色建筑室内环境设计既要利用天然条件与人工手段创造良好的室内环境,同时又必须控制并减少人类对于自然资源的使用,不给自然环境增加额外的负担,实际上是为了实现向自然索取与回报之间的平衡。因此绿色建筑室内环境设计应该在节能、环保等方面进行周密的考虑。

3. 与室内环境诸多要素的整体关系

人的生理和心理因素永远是一个复杂、难以捉摸而又实际存在的东西,这一点无论建筑理论如何发展,都是不可能回避的。传统的室内设计,大多从比例、均衡、统一、对比、尺度等方面来考虑。但是,符合生态原则的室内环境设计同时也十分关注室内物理因素对人身体的物理影响,如家具、陈设的人体工学特征、室内空气品质、室内照明条件、室内防噪性能、室内温湿度等,而影响这些指标的因素是相互关联的、极其复杂的,室内整体环境是所有这些因素协同作用的结果,任何割裂其相互关系的做法都是不可取的,都会将室内环境设计引入可怕的误区。

3.3.2 持续特征

绿色建筑室内环境设计的持续特征是指室内环境设计在满足当代人需求的同时,

应不危及后代人的需求及选择生活方式的可能性。可持续发展观在建筑及其室内环境设计中的导入，使室内环境设计的内涵也得以拓展。具体在室内环境设计中，首先需注重室内空间环境从宏观到微观整体关系的协调，全面考虑室内空间在使用功能、布局结构与各类设施设置等层面与建筑、自然环境及室内诸多要素的和谐相处，满足室内空间中使用者的行为心理、相关活动与环境所处的各种需要；其次室内空间环境的营造必须是"健康"的，室内的物理环境必须满足人们的工作和生活需要，并力求更好地满足人们的舒适与安全要求，以使人们在室内空间中能够得到全身心的满足与精神上的愉悦；再者还需注重其设计、建造和运行中应尽可能减少对地球资源的消耗，处理好室内节能减排、垃圾分类、废物处理及回收利用等，以利人们在室内空间环境的安居生活；另外在室内环境设计中还需考虑各个界面以及空间的整体构成应该符合人们普遍的美学要求，直至提高室内空间的生态审美品位与环境文化的持续营造氛围。

3.3.3　科技特征

从绿色建筑室内环境的提出可知，它是社会经济水平发展到一定高度后才出现的，为此绿色建筑室内环境应利用当代社会发展中产生的各种先进科技成果，以使建筑室内空间的建设标准、环境标准与设施标准具有先进性与时代性。绿色建筑室内环境的科技特征具体体现在室内环境与信息技术的有机结合，并使之为创造高质量的人居环境服务。另外应将人类的科技成果恰到好处地应用于绿色建筑室内环境设计之中，以使不同学科的科技成果在室内环境中能够最大限度地发挥自身优势，使其室内环境系统作为一个综合有机整体的运行效率达到最优化。此外，科技先导作为绿色建筑室内环境设计的基本特征，还要求在节能、环保、智能化和绿色建材选用等实用高新技术层面能够做到因地制宜、实事求是和经济合理的整体化集成，以使高新科技的特点得以凸显。

3.3.4　经济特征

绿色建筑室内环境设计的经济特征是指在初期建设阶段投资往往较高，进行建设需考虑其全生命周期，并综合考虑绿色建筑室内环境设计的经济价值。具体来说，一是需考虑如何降低绿色建筑室内环境设计在使用过程中运行费用，注意平衡其成本以及后期的维护成本。二是应注重绿色建筑室内环境的生命周期成本，即从交付使用后到其功能再也不能修复使用为止的整个过程。三是要把控在绿色建筑室内环境的生活与生产活动所消耗的能量、原料及废料能相互循环利用，自行消化分解。即在室内环境设计中能使其各系统在能量利用、物质消耗、信息传递及分解污染物方面形成一个卓有成效的相对闭合的循环网络，这样既对建筑外部区域不产生污染，周围环境的有害干扰也不易入侵建筑环境内部，故经济特征就成为绿色建筑室内环境设计的一个重要标志。

3.3.5 动态特征

建筑室内环境空间与其建筑相比在使用方面始终处于一种动态的状况，这种动态特征对绿色建筑室内环境设计同样也产生影响，这就要求进行室内设计时应该采用相应的措施，尽量满足这种动态变化的使用需求。对绿色建筑室内环境设计动态特征的把控可从以下层面来进行，以使绿色建筑室内环境永保活力。一是建筑室内环境空间的使用对象永远处于动态的状况，即建筑室内使用的人数随着时间的变化永远都是变动的，由此要求在室内环境设计中要考虑到这个变数。不管是在公共建筑，还是在生产建筑或居住建筑的室内环境，均需依据不同的建筑范畴室内环境使用人数的变化来进行设计考量，以满足其设计所需。二是建筑室内环境空间的使用需求也会随着社会生活节奏的加快而不停地转换使用性质，室内环境空间也就必须随之而调整才能符合新的功能要求，以满足不断变化与增长的动态转变需要。

3.3.6 审美特征

绿色建筑室内环境设计的审美特征，作为进入生态文明建设中对其优秀环境设计衡量的标准，应该建立在环境整体的和谐、持续、健康（审美享受）的基础之上，以培养一种根植于整体生态土壤下的审美意识形态——即生态审美意识。而绿色建筑室内环境设计的审美取向，在遵循人类普遍的美学原理，为人们提供视觉的愉悦和精神上的享受之外，还必须顾及人类以外的一切生物的生存与发展权利，顾及整个自然环境的可持续发展，因此绿色建筑室内环境设计的美学特征就是要能够充分体现出其生态秩序和建筑空间的多维关系，即一种崭新的、综合的功能主义审美特征，以在宏观层面为相关设计领域提供有效的参照模式和指导。

3.4 绿色建筑室内环境设计要点

在绿色建筑及室内环境中，设计需掌握的要点主要包括应遵循的原则、设计的方法及图解式表达等方面的内容。

3.4.1 遵循的原则

绿色建筑室内环境设计作为关注自然生态环境的可持续发展设计，所涉及的设计因素十分广泛，进行绿色建筑室内环境设计，所遵循的原则有适应原则与设计原则之分。

1. 绿色建筑室内环境的适应原则

绿色建筑室内环境的适应原则可概括为 3F 原则和 5R 原则，它们分别为：

（1）绿色建筑室内环境设计的 3F 原则

所谓 3F 即 Fit for the nature（与环境协调原则）、Fit for the people（"以人为本"原则）、

Pit for the time（动态发展原则），是以绿色建筑室内环境设计的目标为依据（图 3-18）。

1）Fit for the nature（与环境协调原则）。

即适应与尊重自然、生态优先是绿色设计最基本的内涵，对环境的关注是绿色建筑室内环境设计存在的根基，设计与环境的协调无疑是与自然共生意识的具体体现。绿色建筑室内环境的营建及运行与社会经济、自然生态、环境保护的统一发展，使建筑及其室内环境融合到地域的生态平衡系统之中，使人与自然能够自由、健康地协调发展。就绿色建筑室内环境设计而言，不仅要求其室内环境能与周围自然环境协调，还应与整个自然、生态环境协调，使建筑及其室内环境具有绿色设计之意义。

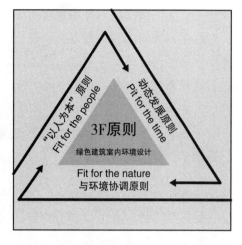

图 3-18　绿色建筑室内环境设计的 3F 原则

2）Fit for the people（"以人为本"原则）。

即满足人的需求，"以人为本"的原则。人的需求可以说是多种多样，既有生理上的也有心理上的，相应地对于建筑室内环境的要求也有功能和精神上的，而影响这些需求的因素是十分复杂的，因此，作为与人类关系最为密切，为人类每日起居、生活、工作提供最直接场所的微观环境，室内环境的品质直接关系到人们的生活质量，绿色建筑室内环境设计在注重环境的同时，还应给使用者以足够的关心，认真研究与人的心理特征和人的行为相适应的室内空间环境特点及其设计手法，以满足人们生理、心理等各方面的需求，直至体现出绿色建筑室内环境设计为人服务的根本宗旨。

3）Pit for the time（动态发展原则）。

即适应时代的发展，动态发展的原则。由于建筑中的室内环境诸多要素始终处于动态之中，不仅室内环境使用的人数处于变化，而且室内环境使用的功能也不断改变，这就要求绿色建筑室内环境设计应该具有较大的灵活性，以适应这些动态的变化。而绿色设计本身即为一种动态的观念，为此绿色建筑室内环境设计的过程也是一个动态变化的过程。赖特认为，没有一座建筑是"已经完成的设计"，建筑始终持续地影响着周围环境和使用者的生活。这种动态思想体现在绿色建筑室内环境设计中，就是室内设计还应留有足够的发展余地，以适应使用者不断变化的需求，包容未来科技的引入，又有利于自然环境的持续发展。

（2）绿色建筑室内环境设计的 5R 原则

所谓 5R 即 Revalue（再思考再认识原则）、Renew（更新改造原则）、Reuse（再利用原则）、Recycle（回收、循环利用原则）、Reduce（减少降低原则），是以对绿色建筑室内环境设计的重新认识和设计实现的具体途径来考虑的（图 3-19）。

1）Revalue（再思考再认识原则）。

Revalue 可以作为"再思考""再认识""再评价"来解析。在人类面临生态危机的当下，人们确实需要重新思考过去很多习以为常的东西，也必须重新审视某些传统的价值观念。如人们对建筑的认识，常将其纳入艺术的一个分支来探讨，把建筑比作"石头的史诗""凝固的音乐"，也有人把建筑视作"空间的艺术"等。应该说这些认识都是正确的，也都把握了建筑的某些本质和特征。然而，如果从全球生态危机和可持续发展的角度出发观察建筑，就可以发现任何建筑物都是消耗大量能源和材料的产物，且在其使用过程中还将持续不断地消耗能源与材料。建筑室内环境亦是如此，人们在进

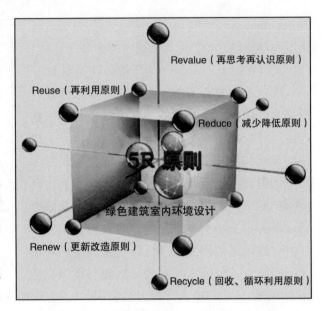

图 3-19　绿色建筑室内环境设计的 5R 原则

行室内装修过程中所造成的资源浪费、环境破坏、文化污染更是达到惊人的程度；在室内环境后续使用中出现的能源消耗、污物处理、维护成本也十分巨大。为此，对于当代建筑与室内设计师来说，只有更新观念，以可持续发展的思想对建筑及其室内环境"再思考""再认识"，才能找到绿色建筑及其室内环境准确的设计取向。

2）Renew（更新改造原则）。

Renew 有"更新""改造"之意。这里主要是指对旧建筑的更新、改造，并加以重新利用。对旧建筑的更新改造在欧美发达国家如今已十分普遍，随着全球环境等问题的出现及影响到人类的未来，相关政府、组织和专家、学者，包括各类设计师们更进一步认识到旧建筑更新改造的生态意义，以及对旧建筑进行更新改造所具有社会—经济—生态的综合效益和现实价值。今天，在欧美国家不少旧建筑的室内结合现代技术进行必要的装修改造，一方面使旧建筑得到保护，另一方面也使旧建筑还可为人们现代生活服务。如德国柏林国会大厦的改建、法国巴黎国家自然历史博物馆等都是旧建筑及其室内环境改造的成功实例。目前我国在城市更新中也对旧建筑及其室内环境改造进行设计探索，在北京、上海、广州、武汉，以及中小城市及乡镇均有佳作涌现，只是在这些旧建筑及其室内环境的更新改造中如何提高可持续发展认识，是尚需努力的工作。

3）Reuse（再利用原则）。

Reuse 意为"再利用""重复使用"的含义，是指在绿色建筑及室内环境设计中能够重新利用一切可以利用的旧材料、构配件、设备和家具等。与建筑设计相比，室内环境设计的周期性呈现出越来越短的趋势，特别是在经济发展快速增长、社会生活节奏加快、时尚潮流变幻莫测的当下，室内环境设计的这个特点即导致建筑在其生命周期内室内重新设计、装修次数的增多。对建筑及其室内环境设计来说，从建筑及其室内环境拆

除的旧有建材、装修构件等不少经过处理即可直接用于新的建筑及其室内环境之中，以实现"再利用"与"重复使用"的目标。为此，相关设计师在进行绿色建筑及其室内环境设计时，一是应尽可能地创造条件，使新的设计能够更多地利用旧有建材、装修构件等材料。二是在新设计的用材和设备选配中尚需充分考虑其被再利用的可能，使再利用的原则得以贯彻与实施。

4）Recycle（回收、循环利用原则）。

Recycle 有"回收利用""循环利用"之意。回收、循环利用主要是根据生态系统中物质不断循环使用的原理，尽量节约利用稀有物资和紧缺资源或不能自然降解的物质，并通过某种方式加工提炼后进一步使用。实践证明，物质的循环利用可以节约大量的资源，同时可以大大地减少废物本身对自然环境的污染。诸如建筑中的废水利用就是一个典型的例子，尤其是在水资源短缺的地区，这一措施更是意义非凡。室内生活中产生的生活污水经适当处理，达到规定的水质标准后，就可以用于某些非饮用途，如厕所冲洗、植物灌溉、道路保洁、景观用水等，从而可以降低优质水的用量，缓解用水紧张的矛盾。从绿色建筑及其室内环境设计的角度看，废水污水的再生利用有助于改善生态环境，实现水生态的良性循环。

5）Reduce（减少降低原则）。

Reduce 原意为"减少""降低"，在绿色建筑及其室内环境设计中，减少降低原则则主要体现在"减少对资源的消耗、减少对环境的破坏和减少对人的不良影响"三个方面。

在减少对资源的消耗方面，绿色建筑及室内环境设计应尽量结合所处地理环境的气候，采用自然通风、自然采光的方法，减少建筑及室内环境对能源的依赖。在自然通风采光无法形成舒适的室内物理环境，不得不采取人工照明和空调设施时，则必须通过良好的建筑热工处理，充分提高能源的利用率，从而达到节能的目标。

在减少对环境的破坏方面，绿色建筑及室内环境设计应注意室内不向或少向室外排放有害的气体、废水和其他废弃物，不向周围环境释放有害的光污染或噪声污染，建筑及其室内环境的营建与运行不对周围的生态环境如植被、动物物种等造成影响。在工程施工中应严格管理，制定完善的施工计划，减少材料的浪费和施工垃圾，以降低垃圾处理的压力。采用无毒或低毒的建筑及室内环境装修材料，以减少对自然环境的污染。

在减少对人的不良影响方面，绿色建筑及室内环境设计应从以下几个途径入手来防治。一是室内环境中不良的室内空气质量；二是室内环境中较差的室内物理环境，如温湿度条件、照明条件、噪声水平等；三是室内环境中不符合使用要求的功能安排和违背人体工学要求的室内设施设计。减少室内环境对人的不良影响，必须从提高室内空气质量、改善室内物理环境、提高室内安全等级、合理安排室内环境的使用功能、遵循人体工学的设计要求等多个方面着手，为室内环境的使用者提供良好的生活品质，直至增进人类生活的幸福和提高人类生命的价值。

3F 和 5R 原则从不同的角度对绿色建筑及室内环境设计进行了阐述，但事实上，这些原则在某些方面是交叉和重叠的，它们之间有许多方面都是共通的，绿色建筑及室内环境设计作为未来的发展趋势，如何在 3F 和 5R 重要设计原则的指导下，准确把握绿色建筑及其室内环境的基本特征，在设计行为中很好地体现生态化和人文化的绿色设计思想，此为当今的设计师所应当关注的重要问题。

2. 绿色建筑室内环境的设计原则

进行绿色建筑室内环境的设计应坚持绿色设计的理念，理性的设计思维方式和科学程序的把握，是提高建筑及其室内环境效益、社会效益和经济效益的基本保证。进行建筑及其室内环境设计除了满足传统建筑的一般要求外，尚需在工程实践中予以遵循以下设计原则（图 3-20）。

图 3-20 绿色建筑室内环境设计

（1）关注建筑及室内环境的全生命周期

建筑从最初的规划设计到随后的施工建设、运营管理及最终的拆除，形成了一个全生命周期。关注建筑及室内环境的全生命周期，意味着不仅在规划设计阶段充分考虑并利用环境因素，而且确保施工过程中对环境的影响最低，运营管理阶段能为人们提供健康、舒适、低耗、无害空间，拆除后又对环境危害降到最低，并使拆除材料尽可能再循环利用。

（2）适应自然条件，保护自然环境

充分利用建筑场地周边的自然条件，尽量保留和合理利用现有适宜的地形、地貌、植被和自然水系；在建筑及内外环境的选址、朝向、布局、形态等方面，充分考虑当地气候特征和生态环境；此外建筑及室内环境风格与规模和周围环境保持协调，保持历史文化与景观的连续性；并尽可能减少对自然环境的负面影响，如减少有害气体和废弃物的排放，减少对生态环境的破坏。

（3）创建适用与健康的环境

建筑及室内环境应优先考虑使用者的适度需求，努力创造优美和谐的室内环境；保障人们在其中使用上的安全，降低环境污染，改善室内空间环境的质量；满足人们生理和心理的需求，同时为人们提高工作效率创造条件。

（4）加强建筑及其室内环境的资源节约与综合利用，减轻环境负荷

通过优良的设计和管理，优化生产工艺，采用适用技术、材料和产品；在建筑及室内环境中应合理利用和优化资源配置，改变消费方式，减少对资源的占有和消耗；应因地制宜，最大限度利用本地材料与资源；并最大限度地提高资源的利用效率，积极促进资源的综合循环利用；应增强室内环境耐久性能及适应性，以延长建筑物的整体使用寿命，并且在建筑及其室内环境中尽可能使用可再生的、清洁的资源和能源。

3.4.2　设计的方法

建筑、室内与室外环境乃至城市环境是一个完整的整体，解决建筑及其室内环境的绿色问题，不能头痛医头、脚痛医脚，单从建筑或室内局部来考虑问题，而是应该树立整体的系统观念，把室内、建筑、环境作为一个完整的生态系统来对待。因此，在进行城市或区域规划时，就应该考虑到今后单体建筑及其室内环境可能出现的问题，尽可能地为今后单体建筑及其室内环境的设计提供一个良好的基础；而进行建筑及其室内环境设计则必须坚持一体化的设计理念，这样就可以最大限度地避免建筑设计中所出现的先天不足，减少室内装饰设计中所产生的不必要的重复思考，减少资源的浪费。以这种方法来进行绿色建筑室内环境设计，还能够取得城市环境的连续性，使建筑及其室内环境具有更好的可持续性。

建筑及其室内环境在整个生态环境中虽然处于微观层次，但是根据生态学原理，它与整个生态系统中各环节的所有因素都有关系，大到所处地理环境、城市形态乃至大气质量，小到建筑的一砖一瓦、室内的一桌一椅。不过有些因素如大气质量、所处地理环境等往往是建筑师或室内设计师所无法直接控制的，设计师对于单体建筑及其室内环境质量的直接控制一般只能从建筑开始，这包括从建筑选址、建筑设计、建筑施工、建筑运行和维护，直到建筑报废拆除或再循环利用的全过程。而建筑及室内环境之间是一种整体关系，是一种包容与被包容的互为依存、互为因果关系，有鉴于此，要想获得符合生态原则的良好室内环境，首先应该在建筑的开始阶段就做到建筑师与室内设计师的紧密合作，坚持建筑及室内环境的一体化设计，对于旧建筑及其室内环境更新设计，室内设计师也应该充分了解建筑师的设计理念以及周围环境的文脉因素，真正做到室内与建筑的一体性，这是做好绿色建筑室内环境设计的必要前提。

绿色建筑及其室内环境的设计与营造本身就是一个十分复杂的系统工程，必须在各个不同的阶段，从各个不同的角度，采取不同的措施才能达到预期的设计目的。

此外，在绿色建筑室内环境设计中，应突出使用者与室内环境之间的关系，使使用者在室内环境中的行为成为影响室内生态环境的一个重要因素，有时甚至对室内环境的生态特性起着举足轻重的作用。建筑及其室内环境中的各种设施须由使用者来操作，其室内环境中日常用品的增减更是受使用者所左右，而室内各种设施操作的正确与否、室内用品选择的合理与否，都有可能直接关系到室内生态环境形成的各种因素，如室内物理环境、安全性能与耗能特性等。因此，对于绿色建筑及室内环境而言，其硬件的建成不可能成为室内生态环境的唯一决定因素。绿色建筑及室内环境的形成应该是一个长期的持续过程，有时这一过程甚至比初期的硬件建成更为重要。事实上，只要使用者对原有室内环境中的任一元素进行更改，即使是增添了一个挂钩，铺设了一块地毯或者更换了一幅窗帘，那么就有可能因这些新元素的材料成分、使用特点、耗能特征、视觉特性等的不同而对室内环境产生影响。所以对于绿色建筑及其室内环境设计的研究来说，必然会涉及使用者的行为，从这一角度来说，使用者也是一种特殊意义上的"设计师"，使用者素质的高低、生态意识的强弱，都直接关系到室内生态环境的质量。由此可见，大众的参与将是获得和保持绿色建筑及其室内环境设计特征的基本条件，也是绿色建筑及其室内环境设计方法得以实施的重要保证。

3.4.3 图示的表达

1. 图示表达的意义

所谓图示即指用图形来表示。在现代设计领域，它是指借助图形对设计师头脑中的构思火花所做出的与用户要求相符，细致、直观、形象、简易、浓缩的图示语言表现。作为图示表达语言具有以下的几个主要特征：一是图示表达语言是最易识别和记忆的信息载体；二是图示表达语言是超越国度、民族之间语言障碍的世界通用语言；三是图示表达语言是最具有准确性的信息投射形式；四是图示表达语言是大众传播中最具有直观展示事实的表现特征，是最具说明性和说服力的语言表现形式；五是图示表达语言是大众传播中最具情绪感染力和精神渗透力的信息传导形式；六是图示表达语言是可以成为与受众心灵直接沟通的感应语言表达形式。

绿色建筑室内环境设计图示表达语言，主要包括设计的徒手概念草图、预想图、文字、图表、工程制图、效果图、模型、摄影与计算机辅助设计等。但归纳起来看，主要包括绿色建筑室内环境设计技术表达图样与效果表达图样两个方面的内容。

设计技术表达图样利用正投影原理所绘制出的平、立、剖面图及详图，能够解决与满足绿色建筑室内环境构思设计和施工的需要。为此，各个国家都颁布了适用于不同专业的制图规范，我国在建筑室内环境设计制图中以国家颁布的建筑制图规范为依据。

设计效果表达图样是指在其设计过程中用以表达设计意象及构思，与施工单位及相关方面进行讨论，或向设计单位展示设计结果的一种效果表现图样，它是绿色建筑室内环境设计图纸中一个重要组成的部分。与绿色建筑室内环境设计中的平、立、剖面图有所不同的是，设计效果表达图纸是在平面上表现了一种建立在空间透视基础上的"三维"空间效果，故又被称为"设计效果透视图"等。进行绿色建筑室内环境设计效果图的绘制，其表现效果首先必须符合设计环境的客观真实性；其次还需按照严谨的态度对待画面的表现效果；再者就是应遵循艺术表现的规律，使其设计的效果表现能够更加引人入胜，并具有较强的艺术表达魅力。

2. 图示表达的形式

绿色建筑室内环境设计图示表达的形式，具有强烈的说明性和直观性。主要包括以下几种形式来反映其设计方案的构想与成果。

（1）设计草图的图示表达

设计草图是设计师将自己的想法由抽象变为具象的一个十分重要的创造过程。它实现了从抽象思考到图解思考的过渡，是设计师对其绿色建筑室内环境设计的对象进行推敲理解的过程，也是在综合、展开、定案、设计成果形成阶段有效的设计手段。另外在设计草图的画面上常出现文字注示、尺寸标定、颜色的推敲、结构展示等，这种理解和推敲的过程就是设计草图的主要功能。而设计草图绘制的特点为快速、自由、流畅，画面并不追求精准与工整，只要能将设计师的灵感用线条表达出来即可。不少设计草图图面虽然潦草、混乱，但在艺术审美上却具有一定的观赏价值。

在设计构思阶段，绿色建筑室内环境最初的图示表达的形式为设计草图的绘制，需要把设计师的创意以快速和简单的方法表达出来。它是设计思维快速闪动的轨迹记录，是进行绿色建筑室内环境设计方案深入的基础。也可以看作是设计师自我沟通的一种方式，成熟的设计方案往往就是在那些不断调整的线条与画面中诞生，一个优秀的设计师需要具有很强的图示表达能力和图解思考能力。

（2）专业解读式图示表达

在绿色建筑室内环境设计各个阶段，有不少相关专业分析图、原理图、进程图等专业设计解析内容需要运用图解的方式准确表现出来。这类图解内容图示表达的特点即是严谨准确、解读清晰、通俗易懂，要求绘制得简单明了、说服力强且具有图解特色，它们是绿色建筑室内环境设计中较一般建筑室内环境设计独有需要图示表达的专业解读式设计内容，其直观、准确、易懂将为绿色建筑室内环境设计的专业解读提供有力保障。

（3）直观的效果图示表达

绿色建筑室内环境设计非常重视设计的艺术效果，为了把直观的设计效果呈现给业主，通常采用真实性和艺术性高度结合的效果图示表达形式，这种表达形式具有较强的说服力、感染力、冲击力，要达到这样的要求，设计者需要有较高的艺术修养和表现功底。而直观的效果图示表达一般为快速工具手绘、计算机辅助表现和模型制作表达三种形式（图 3-21）。

图 3-21　绿色建筑室内环境设计效果图示表达
a）快速工具手绘　b）计算机辅助表现　c）模型制作表达

1）快速工具效果图示表达。

在绿色建筑室内环境设计中，设计的快速效果表现对于设计师是异常重要的，它往往是研究、推敲设计方案和表达自己构思的重要语言，也是展示给业主或第三者的主要手段。从设计快速效果图示表达来看，其设计快速工具包括马克笔、彩色铅笔、透明水色、勾线与着色用笔，绘图用纸及作图辅助工具等。城市绿色建筑室内环境设计快速效果图示表达的特点在于突出一个"快"字，就绿色建筑室内环境设计快速效果表现图的绘制来看，它在设计效果图示表达中具备以下性质：

快速性——是其最主要的特点，具有快捷、方便、表达直接的效果。

直观性——具有直接、明确、可视性强的特点。

图解性——具有形象化、视觉化的图示解析的作用。

启迪性——对未来的空间状况具有启蒙、引发、深化的功能。

多样性——各种手法皆为我用，以多样形式来进行设计效果表达与表现。

易改性——可直接进入创意，便于随时修改。

大众性——易于接受、便于与大众沟通。

2）计算机辅助效果图示表达。

计算机辅助效果图示表达是指通过运用计算机及其相关软件绘制出相应的二维、三维及四维的图形和图像，它在绿色建筑室内环境设计过程中和传统的图示表达有着相同的作用与功能。

计算机作为一种图形的图像信息处理工具，具有表现技法中其他表现手法所不可比拟的优势。随着绘图软件的不断更新和运算速度的提高，计算机已经全面地承担起绿色建筑室内环境设计中制图与效果设计表现的任务，并显现出强大的生命力来。

计算机辅助效果图示表达的特点就是质感逼真、三维互动、精密准确，可以真实地再现绿色建筑室内环境设计方案的每一个细节。

3）模型效果图示表达。

模型效果图示表达是指使用适当的材料将设计预想图所表达的意图转化为三维立体的表现方法，以供进一步探讨设计方案的可行性和其他一系列技术问题。而绿色建筑室内环境设计模型制作的目的就是用立体形式把二维图面无法充分表示的内容表现出来。

绿色建筑室内环境设计效果模型制作，一般用在进行综合设计阶段。绿色建筑室内环境设计效果模型制作的方法很多，一般的草案模型均由设计师自己动手制作，而结构模型则由专门的制作人员来完成。近年来由于计算机辅助设计技术的进步，结构模型和扩初与施工设计图样一般均由计算机绘图来完成。并且运用计算机软件还可做出动画模型进行演示，以让设计师能够从多个视觉来研究设计方案及其运作过程。但是，外观模型仍是绿色建筑室内环境设计中一个不可缺少的表现手法。

实物模型是在设计的平面表达基本确立后，通过真实的材料、结构以及加工工艺等将设计方案真实地按比例表现出来，这种方式比前期的平面表达更直观、精确和深入，它可以对方案的尺寸、比例、细节、材质、技术、结构等有一个合理完整的评估。

4）严谨的技术图纸表达。

绿色建筑室内环境设计除运用以上两种表现方式外，还要采用相当严谨的技术图样对其设计造型予以表达，以为绿色建筑室内环境设计的实现提供依据。随着计算机辅助设计的发展，CAD 制图已经大大提高了技术图样表达的效率。以国家颁布的建筑制图规范为依据，从绿色建筑室内环境设计的整体布局到细部大样，均可表达清楚。其图纸表达内容包括有平、立、剖面图与节点大样等，并以设计施工图来统称，如 2012 年由中机十院国际工程有限公司与 CPG Consultants Pte Ltd（新加坡 CPG 咨询私人有限公司）进行建筑设计、深圳市汉沙杨景观规划设计有限公司进行景观设计、深圳市盛朗（室内）艺术设计有限公司进行室内设计的深圳市第四＜福田＞人民医院改造项目，即 2019 年 9 月完工运营的现深圳中山大学附属第八医院绿色更新改造项目，其绿色建筑及其室内环境设计文本节选图样（图 3-22、图 3-23），就展现出技术图纸表达的特点（该设计文本由深圳市汉沙杨景观规划设计有限公司等提供）。

5）具有个性的设计版面。

城市绿色建筑室内环境设计版面的安排，是对整个设计的最终完整呈现，常常反映出设计师艺术素质的高低，故需引起高度的重视。通常应按照整齐划一、对位有序、疏密适当的原则来合理地进行设计版面面的安排，使设计图示表达的形式能够展现出个性与特点来。

3. 图示表达的步骤

绿色建筑室内环境设计图示表达，包括严谨的技术图纸与直观的效果图示表达两个方面的内容，它们分别为：

（1）技术图样图示表达的步骤

绿色建筑室内环境设计技术图样图示的表达，其步骤包括以下几个方面的工作：

1）设计技术图样制图的准备工作。

制图环境的选择——设计制图工作应在良好的环境中进行，光线应自左方射向桌面，亮度要适宜，桌面应稍倾斜于制图者的方向，且座位高度应合适。绘图前需阅读相关的资料，并明确所画图样的内容与要求。同时准备好必要的工具，将各种制图工具、仪器与用品擦拭干净，且在作图过程中保持清洁，以方便设计制图。

2）绘制设计技术图样的底图。

通常用削尖的 2H 铅笔轻松绘制底图，且一定要准确无误，才能加深或上墨。加深图线的方法可用较软的铅笔或绘图笔与直线笔加黑，其中用铅笔加深图线应做到线形粗细分明，符合国标规定。当图形加深完毕后，再加深尺寸线、尺寸界线等，然后再画尺寸起止符号、填写尺寸数字、书写图名、比例等说明文字与标题栏。

3）绘制正式设计的技术图样。

绘制正式设计的技术图样就是根据加深的铅笔或上墨图（即原图）用墨线描绘在透明的描图纸上，其描图工作的好坏将直接影响到工程图样的图面质量。为此，正确使用描图工具（绘图笔与直线笔）与熟练的描图技能，就显得非常重要了。另外在描图纸上书写各类说明文字时，可在纸下用已准备好的衬格进行书写。

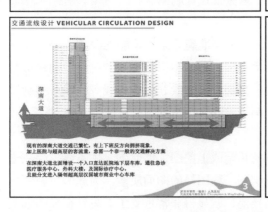

图 3-22　绿色建筑室内环境设计技术图纸表达之一

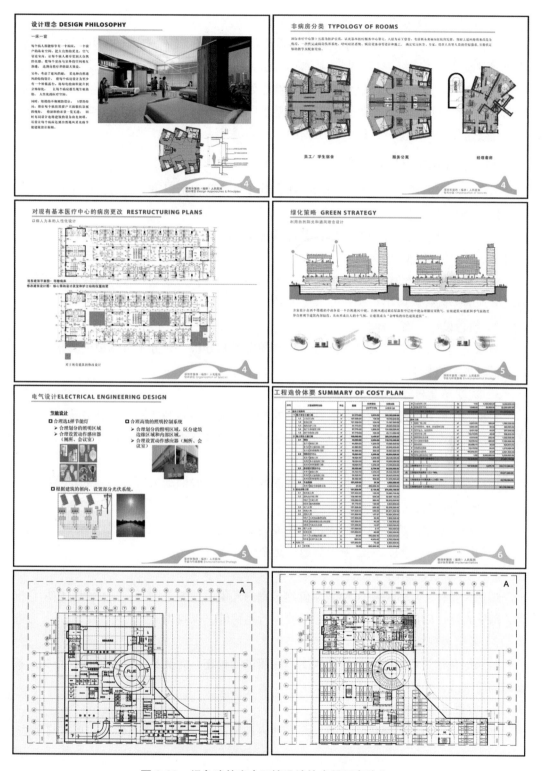

图 3-23　绿色建筑室内环境设计技术图纸表达之二

4）正式设计技术图样的复制。

在实际工作中，同一种设计图样常常需要很多份，以供各个方面的实际需要。为此，就必须对设计技术图纸进行复制。其具体方法为将画好图样的描图纸放入晒图机内，在涂有感光剂的晒图纸上，经过强烈曝光与汽熏处理，即可得到复制的图样数份，这种图样则常被称为"蓝图"。另外，也可用大型复印机对不同型号的图样进行复印，同样也可得到数份复印出的图样，以满足工程中的不同需求。

（2）效果图示表达的步骤

绿色建筑室内环境设计效果图示表达，其步骤主要包括以下几个方面的工作：

1）绘图前的准备工作。

整理好效果表现图绘制的环境，备齐各种绘图工具，并放置于合适的位置，以使其效果表现的绘制轻松顺手。

整理好效果表现的绘制的环境，备齐各种绘图工具，并放置于合适的位置，以使其效果表现的绘制轻松顺手。

2）熟悉设计平面图样。

对绿色建筑室内环境设计图纸进行认真的思考和分析，充分了解图纸的要求，是画好效果表现图的基本条件。

3）透视角度与方法的选择。

根据绿色建筑室内环境设计表达内容的不同，选择不同的透视角度和方法：如一点平行透视或两点成角透视。通常应选取最能表现设计者意图的方法和角度。

4）绘制效果表现图的底稿。

用描图纸或透明拷贝纸绘制效果表现图的底稿，准确地画出所有物体的轮廓线。

5）效果表现技法的选择。

根据绿色建筑室内环境设计表达的功能内容，选择最佳的效果表现绘制技法，或按照委托图样的交稿时间，决定采用快速还是精细的表现技法。

6）效果表现的绘制过程。

按照先整体后局部的顺序绘制绿色建筑室内环境设计效果图纸，应做到整体用色准确，落笔大胆，以放为主；局部小心细致，行笔稳健，以收为主。

7）效果表现图的校正。

对照绿色建筑室内环境设计效果图样底稿进行校正，尤其是对水粉画法在作画中被破坏的轮廓线，须在完成前予以校正。

8）效果表现图的装裱。

依据绿色建筑室内环境设计效果图样的表现风格与色彩，选定其装裱的形式与手法。

第4章　绿色建筑室内环境的技术支撑

　　随着人类生产力的进步，人类对人居环境的要求也越来越具体。步入当代，人居环境已经不仅仅是人们简单的栖身之所，更是能让人在工作之后调节精神生活，实现个人愿望和爱好，从事学习、社交、娱乐等多功能的活动场所。由于人们在建筑室内环境中度过的时间大约是一生的三分之一，因此建筑室内环境的好坏将直接影响到人们的身体健康与居住生活。正是这样，现代建筑室内环境对于保证人们在其中生活的安全与方便则是理所当然的事。为建筑室内环境设计要处处考虑人们工作与生活的实际使用需要，科学地设计出满足人们居住、工作、生活、休息与娱乐需要的绿色建筑室内空间环境（图4-1）。

图4-1　具有探索性特色的绿色建筑内外环境设计创作成果
a）上海浦江北岸"绿之丘"设计创意展示中心造型　b）美国新墨西哥州土船住宅内部空间

4.1　采光照明与绿色建筑室内环境

　　建筑室内环境采光与照明的目的主要是为人们提供良好的光照条件，以获得最佳的视觉效果，并使建筑室内环境具有某种气氛与意境，直至增强建筑室内环境的美感与舒适感。采光及照明无疑是绿色建筑室内环境中极其重要的一项设计任务，目标即是营造健康、安全、高效、舒适的建筑室内环境。其中室内采光是对日光的直接利用，属自然、清洁光源，无能耗。而室内照明在整个建筑能耗中所占比例较高，因此，在满足室内照明需要的前提下最大限度地降低照明能耗，对于建筑节能、减排具有重要意义。

4.1.1　日照采光与绿色建筑室内环境的营造

　　建筑室内环境对日照采光的利用，均受到建筑室内门窗的大小、朝向，建筑所在地区地理纬度、季节、天气变化，以及建筑周围的环境状况（挡光）等各种因素影响。从日照采光来看，日照是指所处地域获得太阳直射光照射时间的长短，受太阳运行轨迹的直接影响；采光则是指获得天然光的数量，用采光系数表示，与太阳直射光没有直接关系。对于建筑室内环境来说，日照与采光是相辅相成的，即没有采光就没有日照，有了采光还需要有好的日照。

　　而日照中的阳光是人们舒适生活的第一需要,阳光充足将有利于人体的健康(图4-2)。当冬天来临,阳光能透过窗户提高室内的温度;在潮湿季节,阳光能使室内干燥;天气晴朗的时候,在向阳的居住建筑室内阳台上,人们可以晾晾衣服、晒晒太阳及种养花草;阳光有助于植物的光合作用,可使种养花草释放出更多的氧

图 4-2　　日照充足的绿色建筑室内设计

气;在阳光照射下,衣物上的各种危害人体健康的细菌就会被阳光中的紫外线杀死;而且阳光中的紫外线还能使人体产生维生素 D,以促进骨骼的正常发育,防止婴幼儿患软骨病,并提高人体自身的免疫力等。正是阳光对人有如此的重要性,因此在设计、布置建筑室内环境时,就应精心地考虑如何科学合理地利用阳光。为便于阳光在建筑室内环境中的照入,在建筑室内环境采光设计中首先要注意建筑的开窗面积,保障人们对一定阳光量的需求;其次还要注意太阳眩光对人视力的损坏,以及对建筑室内环境中的书籍、家具、电器设备曝晒造成的损坏与不必要的能耗。只是在建筑室内环境中日照时间应以多长为宜呢?依专家分析,建筑室内环境中每天日照时间不应低于 2h,全年应不低于 500h 左右,也就是全年日照总时数的 25% ~ 33%。为保证一定的日照时间,建筑物在设计时还需考虑环境的遮挡问题。另外居住建筑与阳光障碍物的距离一般不应小于障碍物高度的两倍。

　　当前随着城市化进程的不断加快,日照不足的建筑室内环境日益增多,尤其是有许多建筑在室内环境中甚至整天都见不到阳光,造成白天在室内也需开灯,从而给人们的居住、工作、生活、休息与娱乐等活动带来极大的不便。近年来国外利用最新科学技术,可使室内空间获得日照,如日本一家建筑公司研究成功的太阳光照装置,由太阳光追踪仪、带连杆的反光镜与运转控制设备三部分组成。这个装置可随时将大量的太阳光反射到日光无法直接照射到的房间或地下室,采光率可达 80% 左右,并可改变紫外线的照射量,以利于室内温度的调节。此外美国物理学家运用现代光学纤维技术,已建成了一种收集太阳光的设施。其顶部装有集光系统,可以聚集大量的太阳光,再通过光导纤维将阳光输送到需要进行人工采光的房间,居住其间的人们只需打开该系统的开关,顶棚便如太阳式的散发光芒,给居室内部带来光明与温暖。

　　英国具有先锋意识的建筑师诺曼·福斯特在他的许多建筑与室内空间设计作品中为了表达对于光线运用的深思熟虑,更是将阳光与建筑及室内空间的结合达到一个新的高度。诺曼·福斯特在德国柏林国会大厦的恢复建造中先后设计了 27 个草图,终于给头秃了几十年的国会大厦重新扣上了一个以钢为骨架,以玻璃为幕墙的圆顶。这个被人戏称

为"英国鸡蛋"的圆顶造型简洁有力，体现着当代建筑美学的风格，又是一件技术上的杰作。从其顶端悬下一支漏斗状的柱子，下面就是议会全体会议大厅。"漏斗"上镶嵌着360块活动镜面，把阳光折射进议会大厅，从而降低照明能源消耗。同时，又为了不让直射的阳光晃眼，在玻璃圆顶的内侧安装了可移动的铝网，由电子计算机按照太阳的运动自动调控位置，其能源来自于国会大厦屋顶上的太阳能电池（图4-3）。

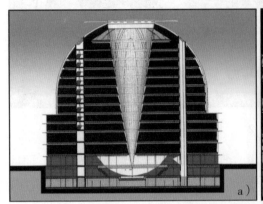

图4-3　英国建筑师诺曼·福斯特设计的德国柏林国会大厦修复工程
a）德国柏林国会大厦日照利用立面图　b）德国柏林国会大厦日照利用实景图

另在我国香港汇丰银行的设计中，诺曼·福斯特在室内外空间交接处针对不同朝向采用了不同的处理手段来调节室内光线，其东西立面则通过遮阳板完全控制光线渗透，并调节了阳光漫反射光的强度，使其南立面（受光面）利用悬挑楼面产生了连续阴影区，从而保证了良好的南向视域；在建筑物北立面（背光面）则使用了大面积的玻璃幕墙，让部分柔化光线射入室内空间并弥漫四散；在香港汇丰银行底层中庭上，诺曼·福斯特通过计算机调控反光板跟踪太阳运行，然后将其阳光折射到建筑内部空间，由此获得了理想的自然照明设计效果（图4-4）。同样他在法国卡瑞艺术馆的设计处理中也采用了类似的方法，特别是在法国巴黎十大庆典工程的阿拉伯世界研究中心的外墙处理中，更是运用感测外部环境光线强度的设计手法，使建筑内部空间的光线调节能够像调节照相机光圈那样来保持室内照度的均衡。

有效地对太阳光线加以控制、引导，不仅可以减少对不可再生能源的消耗，获得自然照明效果并能够给人们带来视觉生理方面的舒适感受，而且对建筑室内空间进行艺术性地光线处理，还可以给人们带来心理方面非凡的舒适感受。人们常提及路易斯·康（Louis Kan）建筑作品中室内的光与影，其作品被誉为的光与影的建筑就是这个道理。在日本建筑师安藤忠雄的作品中，光线的运用更是其感人至深的地方，尤其是室内光线处理充满了建筑的韵味。贝聿铭设计在北京香山饭店的室内空间中，从中庭到楼梯间，四处都体现了设计者对于阳光运用的功力（图4-5）。由此可见日照采光在建筑室内环境中的设计应用是其舒适设计的前提，更是其高层次的设计与表现。

图 4-4 英国建筑师诺曼·福斯特设计的香港汇丰银行

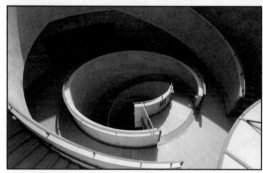

图 4-5 日本建筑师安藤忠雄作品及美籍华人建筑大师贝聿铭设计的北京香山饭店

4.1.2 人工照明与绿色建筑室内环境的营造

建筑室内环境中的人工照明,即是指利用人工光源在建筑室内空间营造出良好、舒适,照度均匀、无眩光需求的可见环境照明。人工照明不仅要满足其内外场所"亮度"上的要求,还要起到组织改善空间、渲染气氛、烘托环境、体现特色的作用(图 4-6)。

1. 建筑室内环境照明的方式

建筑室内环境照明的方式主要包括整体照明、局部照明与混合照明等(图 4-7)。

图 4-6 人工照明与绿色建筑室内环境的营造

图 4-7　绿色建筑室内环境与人工照明的方式

（1）整体照明

为照亮整个场地，照度基本上均匀的照明。对于工作位置密度很大而对光照方向又无特殊要求，或受工艺技术条件限制不适合装设局部照明的场所，宜采用整体照明。

（2）局部照明

局限于工作部位的固定或移动的照明。局部照明只能照射有限面积，对于局部地点需要高照度时或对照射方向有要求时，可装设局部照明。

（3）混合照明

由整体照明与局部照明共同组成的照明。是在整体照明的基础上再加强局部照明，有利于节约能源。混合照明在现代室内照明设计上应用非常普遍，如商场、展览馆、医院等建筑一般多采用混合照明。

2. 建筑室内照明灯具的布置

照明灯具的布置是确定灯具在建筑室内空间的具体位置，对照明质量有着重要的影响。建筑室内照明灯具主要有吸顶灯、嵌顶灯、吊灯、壁灯、移动式灯具、轨道灯、射灯、工作灯、浴室灯与发光棚等，以及新发光光源灯具。

室内照明灯具的布置在保障照明质量，满足《建筑照明设计标准》（GB 50034—2013）中对于室内照度、统一眩光值、一般显色系数等要求的基础上，尽可能采用绿色照明技术，即消耗最少的能源获得最佳的照明效果，并避免对环境造成不利影响。而在室内照明灯具布置中，光的投射方向、工作面的照度、照明的均匀性、直射与反射眩光、视野内其他表面的亮度分布及工作面上的阴影等，都直接与照明灯具的布置有着密切的关系。另外照明灯具的布置合理与否还影响到照明装置的维修与安全。因此合理布置照明灯具才能获得好的照明质量，且便于照明装置的维护与检修（图 4-8）。

照明灯具的布置方式有均匀性布置与选择性布置两种。前者主要是指灯具之间的距离与行间距离均应保持一定；后者主要是指按照最有利的光通量方向及清除工作表面上的阴影等条件来确定每一个灯的位置。在具体设计时，常采用正方形、矩形、菱形等形式，也有根据室内环境需要采用异形及自由式的形式来布置的。再就是室内环境的照明设计在创造舒适、美观的室内环境气氛的同时，还要注意到其安全性，线路、开关、灯具的设置都要采取可靠的安全设施，不要超载，并在危险之处设置标志等。

图 4-8　绿色建筑室内环境照明灯具的布置

4.1.3　绿色照明在建筑室内环境设计中的应用

　　绿色照明是美国国家环保局于 20 世纪 90 年代初提出的概念，2006 年国家发布的《绿色建筑评价标准》（GB/T 50378）中即对建筑室内环境绿色照明提出了明确的要求，此后修订版本中对其进一步予以完善。而完整的绿色照明内涵包含高效节能、环保、安全、舒适等四项指标。其中高效节能意味着以消耗较少的电能获得足够的照明，从而减少发电造成的大气污染物排放，达到环保的目的。安全、舒适是指光照清晰、柔和及不产生紫外线、眩光等有害光照，直至不产生光的污染。

　　实施绿色照明，可保护环境、可节约能源、可有益健康、可提高工效、可营造现代文明的光照文化（图 4-9）。其实施方法一是要正确确定建筑室内环境照明标准，二是要正确选择建筑室内环境照明方式，三是要正确选择建筑室内环境照明光源，四是要正确选择建筑室内环境照明灯具，五是要正确选择建筑室内环境照明光源附件，六是要正确选择建筑室内环境照明控制方式，七是要加强建筑室内环境照明维护管理，八是要合理选择建筑室内环境设计照明的供配电系统。

图 4-9　绿色照明

实施绿色照明是当前建筑室内环境照明的关注点之一，而建筑室内环境的科学发展则是其关键，也就是创造一个高效、舒适、安全、经济、有益的未来建筑室内照明环境，直至实现现代建筑室内环境光照文明的目标。

4.2 空气质量与绿色室内环境

室内空气质量的好坏是影响人们生理及心理健康的重要因素之一，任何人都无法在一个空气质量差的房间内长期生活、工作而同时保持健康。

4.2.1 空气质量问题对人的危害

在生命中人们可能都有这样的感受，当你在挤满人群的工作场所待得过久就会感到不舒服与气闷，遇到这种情况，您只需迅速离开这里或将房间的窗户尽可能地打开，

图 4-10 通风条件好的室内空间

以改善通风条件，即可使那种不适的症状尽快消失，可见空气质量对人的生存来说是至关重要的（图 4-10）。

1. 空气质量的意义

所谓空气质量是指空气污染物（颗粒状或气体状）的聚集程度及范围，是衡量空气对人体影响的重要指标。目前许多国家对室内空气中主要有害成分的含量都有明确的规定，美国供热、制冷及空调工程师协会（ASHREA）标准规定了此类空气污染及相应暴露程度的最低标准。该标准规定可接受的室内环境空气质量为："空气中不含有关当局所规定的达到有害聚集程度的污染物，并且 80% 以上的人在这种空气中没有表示出不满。"

过去的建筑室内环境中大多数受到建筑材料的影响，如住宅的密实度差，门窗均不够严实，通过住宅的许多缝隙，室外的风可以毫无阻挡地进入居住空间，而那时只要有空气就会有足够的氧气，因此也不必担心缺氧问题的出现。然而在居住建筑飞速发展的今天，情况可就大不如从前了。人们为了寻求更加丰富的物质生活条件，在建筑室内环境质量上大做文章，原来的木、石结构逐渐被钢筋混凝土、全塑与钢结构所代替，门窗则由原来的简易门窗逐渐换成了木、钢、铝合金、塑料与玻璃门窗。住宅的严格密封，无疑从隔声、隔热、保温与使用的角度看是十分有益的，但是造成空气的流通就成了一个很大的问题，这也就给人们带来了建筑室内环境中空气的调换问题，并需要引起人们的高度重视。

2. 空气质量问题对人的危害

对建筑室内环境中空气质量问题对人的危害，当前多数人还缺乏足够的认识。不少表面上很难看出，实际上却已经严重伤害或潜在伤害人们健康的室内空气污染还并未受到人们的注意和重视。一些失败的建筑方法，以前和现在都一直在威胁着人类的健康。"病态建筑综合征"（Sick Building Syndrome）就是一个典型的例子。据美国的统计资料表明：有 1/5 ~ 1/3 的建筑及其室内空间环境为容易使人患上"病态建筑综合征"的"病态建筑"（Sick Building），在其中工作的人员，有 20% 会感到身体不适，从而影响工作效率和身心健康，长此以往，甚至会导致病变的发生。所以，只有加强对空气质量问题对人体健康影响的认识，提升防护意识才有可能获得健康的室内环境。

4.2.2　室内环境中污染气体的来源及防治

1. 室内环境中污染气体的来源

说起污染，人们往往很容易想起大气中的灰尘，工厂里排出的废水、废气、废渣，殊不知在建筑室内环境空间中，也存在许多严重的污染气体来源（图 4-11）。这些污染气体主要来自于以下几个方面：

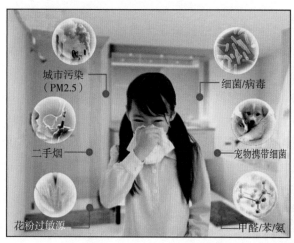

图 4-11　建筑室内环境中污染气体的来源及种类

（1）建筑室内装饰用材产生的气体污染

室内装饰用的油漆、胶合板、刨花板、内墙涂料等材料均含有甲醛、苯等有害物质，还有建筑材料中的放射性物质都具有相当的致癌性。这些材料一旦进入居室，将有可能引发包括呼吸道、消化道、神经内科、视力、视觉、高血压等 30 多种疾病。

（2）室内环境中建筑自身产生的气体污染

为了加快混凝土的凝固速度和冬期施工防冻，在墙体施工中加入了高碱混凝土膨胀剂和含尿素的混凝土防冻剂，建筑物投入使用后，随着环境因素的变化，特别是随着夏季气温升高，从墙体中缓慢释放出有毒气体，造成室内空气中氨浓度严重超标。另外在建筑中使用的石材、砌块、水泥中的放射性物质超标造成室内放射性污染。

（3）室内环境中所用家具造成的气体污染

大多数人购买家具最关心的是价格、款式、做工，而往往忽略了直接关系到人们健康的安全问题。中国室内装饰协会室内环境检测中心提供的资料说明，由于家具造成的室内空气污染，已经成为目前居室中继建筑污染、装饰装修污染之后的第三大污染源。

（4）室内环境中家用电器产生的各种污染

大量使用现代化办公设备和家用电器产生的气体污染、噪声污染、电磁污染、紫外线辐射等都给人们的身体健康带来不可忽视的影响。

（5）建筑设计不合理造成的气体污染

在室内空气质量检测中，专家们还发现了一个严重影响室内空气质量的问题，就是一些建筑采用全封闭设计，通风量不够，使得室内空气中的有害气体大量积聚，难以清除，从而加剧了室内环境中气体污染的严重性。

2. 室内环境中污染气体的防治

室内空气中 CO_2 的含量不超过 0.1%，一般对人的健康是无妨的。为了控制有害气体的浓度，最有效的措施就是经常进行室内空气更换。经卫生学家测算，成人每小时新鲜空气需要量为 30 m^3，即相当于 10 m^2 房间内的空气。满足这些新鲜空气量，通常用室内换气次数来衡量，对不同的房间每小时要求换气次数不同。在居住建筑室内环境中，一般的卧室、起居室为 2~4 次，厨房为 3~6 次，厕所为 3~5 次。居住建筑室内环境中换气次数很大程度上取决于室内外的温差、户外风力和房间的密封程度等。现代建筑室内环境中的门窗和阳台是更换空气的重要途径，而在封闭的建筑室内环境中只能采用设置的通风气窗、电动抽风机和空调等进行强制通风。

目前，完全密闭的房屋在各地不断出现，这种建筑室内环境中各种有害气体不易迅速扩散，对人体健康是十分不利的。特别是近年来在居住建筑中，不少家庭将自己用于通风和活动的阳台封起来，这样不利通风和安全，更是成为室内空气污染生成的主要根源。再就是随着城市工业的发展，空气的纯净程度急剧下降，含有大量有害物质的气体，时时刻刻威胁着人类的健康。诸如在日本首都东京市中心每平方千米每年降尘量为 50t、英国首都伦敦市为 100t、美国纽约市为 300t。人们经过多方的探讨后，认识到绿化对于城市的生态至关重要。树木和花草被称为空气中烟尘的过滤器，植物通过光合作用，能够净化空气。据法国首都巴黎市环保局统计，在 15 天内，100g 榆树叶、栗树叶、槐树叶、椴树叶可分别吸附的灰尘为 2.74g、2.29g、1.00g、0.94g。另外 1ha^2 树林一天可放出氧气 700kg，吸收 1t 左右二氧化碳，并可同时吸收大量的 SO_2，分泌出多种杀菌素，大量的植树造林和人工绿化，能有效地避免城市中的大气污染。显然，建筑室内空间中空气质量的好坏已成为其环境舒适设计的核心问题（图 4-12）。

图 4-12 建筑室内环境中污染气体的防治

4.2.3 绿色建筑室内空气质量控制要求及提升的措施

1. 绿色建筑的室内空气质量控制要求

绿色建筑对室内空气质量的控制要求主要有以下几点：

1）对有自然通风要求的建筑室内空间，在人员停留较多的工作和居住空间形成顺畅的自然通风条件，应结合建筑设计提高自然通风效率，如采用可开启窗扇自然通风，利用穿堂风、竖向拔风作用通风等。

2）合理设置建筑室内空间的风口位置，有效组织气流。采取有效措施防止串气、泛味，采用全部和局部换气相结合，避免厨房、卫生间、吸烟室等处的受污染空气循环使用。

3）建筑室内装饰、装修材料对空气质量的影响应符合《民用建筑工程室内环境污染控制规范》（GB 50325—2020）的要求。

4）建筑室内装饰、装修中应使用满足室内空气质量要求的新型环保装饰装修材料。

5）设置中央空调系统的建筑室内空间，宜设置室内空气质量监测系统，以保护使用者的身体健康。

6）在建筑室内空间采取有效措施防止结露和滋生霉菌，做好室内空气质量的维护。

从上述要求可知，对建筑室内空间采取有效措施并充分结合自然通风改善室内空气质量、运用健康环保的室内装饰装修材料等手段，是绿色建筑室内空气质量得以保障的基本要求。

2. 绿色建筑室内空气质量提升的措施

提升绿色建筑室内环境空气质量，必须从其设计与建造、使用与维护两个层面努力（图4-13）。

图4-13　提升绿色建筑室内环境空气质量的措施

（1）从设计与建造层面来看

在进行建筑及其室内环境设计和建造过程中，应该根据绿色建筑对室内空气质量的要求，从建筑所处环境的实际情况以及建筑和室内环境的性质，合理地进行设计与建造。所做工作包括合理的建筑选址；合理的通风、换气设计；合理选用绿色建筑室内装修材料与陈设饰品及选用合格的室内电器和设备，来保证其室内环境空气质量的根本所在。

（2）从使用与维护层面来看

在建筑室内环境的日常使用与维护中，也应该注意以下几点，即在建筑室内装修工程完成后，应打开房间门窗，在保持房间良好对外通风情况下，尽量让室内的有害成分向外散发；日常在不影响室内环境物理舒适度的情况下，经常保持房间的通风换气，并不断补充新鲜空气。并合理使用各种灶具，预防燃烧时产生的有害物质在室内积聚；保持建筑室内各个房间的清洁与干燥，降低其室内空气中悬浮颗粒的数量，减少消除室内病毒、细菌、真菌、螨虫等的滋生条件，并做好其室内生活物品的晾晒与清洁卫生；注意电器在建筑室内环境使用中产生的电磁场污染，合理利用室内绿化植物的种植吸收空气中的有害物质，达到净化室内空气的目的。

在建筑室内环境装修中安全选材是气体污染防治的关键，一定要特别注意，从选择材料开始，提升建筑室内环境的空气质量。

4.3　噪声控制与绿色室内环境

建筑室内环境噪声控制是指随着现代城市的发展，噪声源的增加，建筑组群营造密集，高强度轻质材料的使用，应对建筑物进行有效的隔声防护措施。建筑室内环境噪声的控制除了要考虑建筑物内人们活动所引起的声音干扰外，还要考虑建筑物外交通运输、工商业活动等噪声传人所造成的干扰。近年来，国内许多城市在闹市区都设置有电子噪声显示屏，提醒人们这里的噪声强度超标与否。"噪声"这个声学名词逐渐被人们所熟悉，然而噪声对人的危害人们却知之甚少。

4.3.1　噪声控制的意义

噪声是给人带来烦恼声音的总称，它也是声波的一种，其频率变化没有规律，不喜欢听的声音，都可划归噪声之列。超过一定标准的噪声存在会影响人的休息，降低工作效率，过量刺激人的交感神经，损伤人的听觉，诱发疾病，破坏建筑物和仪器设备的正常工作。因此，对噪声要加以控制。对噪声的控制以一定量的分贝（dB）为标准。

在建筑室内环境中，适应人们正常生活与工作的噪声允许标准一般可分为三级，并昼夜有别。通常第一级要求一昼夜分别不大于 40dB 与 30dB；第二级为 45dB 与 35dB；第三级为 50dB 与 40dB。人体对噪声的承载能力一般为 50dB。随着声压的增大，对人们有害的程度也相应增加（图 4-14）。据有关研究资料表明，建筑室内环境内的噪声达到 80dB 时，人的耳朵立即进入保护状态，并开始影响工作与劳动效率。若经常处于 85dB 以上的环境中，人的耳朵就会受到损坏。当噪声达到 120dB 时，耳朵就会出现余音与阵痛，造成听觉疲劳。若长期处在 130dB 以上的噪声环境中，人就会逐步失去听觉，导致永久性听力降低与职业性耳聋。此外，建筑室内环境中的噪声使人烦恼，精神无法集中，影响工作效率，妨碍休息和睡眠。长期在强噪声下工作的人，除了耳聋外，还有头昏、头痛、神经衰弱、消化不良等症状，往往导致高血压和心血管疾病，另噪声还会对胎儿产生不良影响。

今天，随着城市工业与交通的日益发展，机器的马达声、汽车的奔驰声在城市之间日

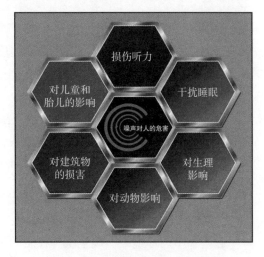

图 4-14　噪声对人们有害的程度

益泛滥，并且已毫不留情地闯进了人们的居住空间，严重地威胁着人们的正常生活。此外居住建筑内部的噪声对人们带来的影响也逐渐增大，诸如住宅内部卫生间、浴室的使用所产生的噪声及日常生活中使用热水器、电冰箱、吸尘器、电风扇、空调、搅拌器等，这些设备在运转过程中都会带来墙面与地板共振的意外噪声。人们必须考虑各种各样的措施，把建筑室内环境建设成为一个宁静的场所，以适应人们在此学习、休息与工作。

4.3.2 室内环境噪声控制的途径与步骤

1. 室内环境噪声控制的途径

在建筑室内环境中，对于所需要的声音，必须为它的产生、传播和接收提供良好的条件。对于噪声，则必须设法抑制它的产生、传播和对听者的干扰。可根据以下途径分别对噪声予以控制（图 4-15）。

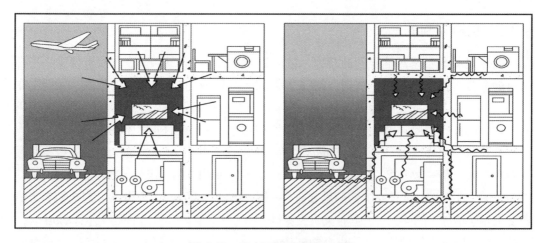

图 4-15 室内环境噪声控制途径

1）在声源处抑制噪声，这是抑制噪声最根本的措施，包括降低激励力，减小系统各环节对激励力的响应，以及改变操作程序或改造工艺过程等。

2）从建筑室内环境在声传播途径中进行控制，这是噪声控制中的普遍技术，包括隔声、吸声、消声等措施。

3）当建筑室内环境噪声特别强烈，在采取以上措施后仍不能达到要求，或者工作过程中不可避免地产生噪声时，即需要从接收器保护的角度采取措施。包括建筑室内环境的使用者可佩戴耳塞、耳罩、有源消声头盔等。建筑室内环境的精密仪器设备，则可将其安置在隔声间内或隔振台上进行操作，以达到隔声的目的。

2. 室内环境噪声控制的步骤

在建筑室内环境中，确定噪声控制的步骤主要包括：

1）调查建筑室内环境噪声现状，以确定噪声的声压级，同时了解噪声产生的原因及周围的环境情况。

2）根据建筑室内环境噪声现状和有关的噪声允许标准，确定所需降低的噪声声压级数值。

3）根据建筑室内环境需要和可能，采取综合的降噪措施（从建筑室内空间布置，到室内环境构建隔声、吸声降噪消声减振等采取的各种措施）。

当今世界各国都十分注重消除噪声的研究工作，如英国剑桥大学研究出一种用噪声消除噪声的办法，其原理是用声音传感器将周围的噪声变成相应的电流，再用电子电路对噪声电流进行频谱分析，再用分析的结果来控制噪声发生器，使噪声发生器产生的噪声用喇叭放出来，并让它与周围环境的噪声在各个不同频率上振幅相等，相位相反，正好相应抵消。英国曾将这一研究成果用于北海海底泵抽天然气工程中，消除了原来传播 2km 左右的噪声，从而给当地居民的生活带来了安宁。挪威也研制成一种称作"声音限制器"的装置，它看上去像一个麦克风，但不会传声，却能吸收周围 90% 的噪声。把 10 种声音限制器安装在普通窗户上，即使开着窗户也可吸收来自外面繁忙街道上产生的全部噪声。

4.3.3 绿色建筑室内环境噪声控制的要求与方式

1. 绿色建筑室内环境噪声控制的要求

国家颁布有《声环境质量标准》（GB 3096—2008）的强制性标准，并以此为依据，制定了其他各类环境噪声限值标准用于建筑室内环境的噪声控制。2016 年住房和城乡建设部印发了《深化工程建设标准化工作改革的意见》，提出改革强制性标准，加快制定全文强制性标准，逐步用全文强制性标准取代现行标准中分散的强制性条文。按照住房和城乡建设部全文强制规范编制工作整体部署，《建筑环境通用规范》（GB 55016—2021）被纳入强制性工程建设规范体系，于 2021 年 9 月 8 日发布，2022 年 4 月 1 日实施。其中对建筑声环境，即从声环境控制指标、技术要点两个方面提出了控制要求。

在声环境控制指标中提出不同建筑类型应按使用功能分别满足相应控制要求。影响建筑主要功能房间室内噪声的因素主要分为两类。一类是建筑物外部噪声源，通过建筑围护结构传播至室内，降低此类噪声源对主要功能房间的影响，主要通过提高建筑外围护结构的隔声性能来实现；另一类是建筑物内部的建筑设备产生的振动与噪声传播，包括空气声传播、撞击声传播及结构声传播，对于不同类型建筑设备产生的噪声，应采取不同的降噪措施。

在技术要点中提出隔声措施主要需从以下三方面入手：一是使房间的围护结构（墙、楼板、门、窗）有足够的空气声隔声能力；二是使噪声敏感房间的顶部楼板、噪声源房间的地面楼板有足够的撞击声隔声能力；三是对产生振动的建筑服务设备隔离结构传声。

对于建筑吸声，应根据不同建筑的类型与用途，采取相应的技术措施。此外，竣工声学检测是保证建筑室内环境噪声控制工程质量的必要手段，《建筑环境通用规范》首次将声环境工程检测与验收提升为强制性条文。

2. 绿色建筑室内环境噪声控制的方式

建筑室内环境的噪声是由建筑室内外之间的声能流动以及室内各发声体之间的声能流动而构成的，即室外的声音通过门、窗、建筑围护结构进入室内，室内的声音同样也经过相同的渠道传播到室外，构成城市噪声的一部分，同时室内的各种声源如人的谈话声、电话铃声、机器发出的振动声等相互传播、融合，形成室内的环境噪声（图 4-16）。

图 4-16　用以降低室内噪声的吸声构件

依据噪声传播的不同特点，对建筑室内环境进行噪声控制的方式也不同。

1）从建筑设计开始，即从建筑的选址、布局、与城市街道的关系、建筑本身的形式、围护结构的材料、构造做法等各个方面来考虑，尽量减少外界噪声对建筑室内的影响。

2）在进行建筑室内空间功能布置时，应将噪声较大的房间与需要保持安静的房间分开布置，中间以一些过渡性的区域来分隔，以减少噪声的干扰。

3）建筑室内的各种管道是室内噪声的来源之一，要解决这个问题，可在管道外用隔声材料包裹的做法，也可选购能降低噪声的管道进行安装。空调的风口也是容易产生噪声的地方，应该配以合适的垫圈，运用隔声材料进行包裹。此外，建筑室内空间还可采用吸声材料与结构来降低建筑室内环境内部声音的混响时间，以达到降噪的目的。

4）建筑室内空间隔绝室外噪声最有效的方法是安装密封性能良好的高质量门窗，即可以明显地改善房间的隔声性能，减少外界噪声对室内环境的影响。

5）在建筑室内空间增加绿色植物配置，既能对室内空气起过滤作用，为室内补充足够的氧气，同时也可为室内环境提供良好的吸声减噪效果。

4.4　建材选用与绿色建筑室内环境

从建筑室内空间环境设计来看，没有材料显然就没有设计成果的实现，然而在设计中错用与滥用材料同样也将使设计失去其应有的生命。

4.4.1　绿色建筑室内环境装饰用材的内涵与特征

1. 绿色建筑室内环境装饰用材的内涵

建筑装饰材料，是指用于建筑室内空间环境装修工程的所有建筑材料。建筑装饰材料的特性，就是当材料用于装饰用途时，能对装饰表现的效果产生影响的材料本身的一些特性，主要包括光泽、质地、底纹、图案、造型及质感等（图 4-17）。

　　建筑是由各种建筑材料构成的，建筑材料在生产、使用过程中，一方面消耗大量的能源，产生大量的粉尘和有害气体，污染大气和环境。另一方面，使用中会挥发出有害气体，影响长期居住的人的健康。鼓励和倡导生产、使用绿色建材和绿色建筑设备，对保护环境，改善人们的居住质量，做到可持续的经济发展是至关重要的。为此，建筑材料在很大程度上决定了建筑的"绿色"程度。绿色建筑室内环境必须要通过绿色建材这个载体来实现，绿色建筑节能技术的实现更是有赖于建筑材料的节能性，要使建筑节能技术按照国家标准的规定进行推广和应用，必须依靠绿色建材的发展才能实现。

　　绿色建筑室内环境装饰用材是指具有优异的质量、使用性能和环境协调性的建筑材料。其性能必须符合或优于该产品的国家标准；在其生产过程中必须全部采用符合国家规定允许使用的原材料，并尽量少用天然原材料，同时排出的废气、废渣、废液、烟尘、粉尘等的数量、成分达到或严于国家允许的排放标准；在其使用过程中达到或优于国家规定的无毒、无害标准，并在组合成建筑部件时不会引发污染和安全隐患；其使用后的废弃物对人体、大气、水质、土壤等造成较小的污染，并能在一定程度上可再资源化和重复使用。绿色建材又称生态建材、环保建材和健康建材等。

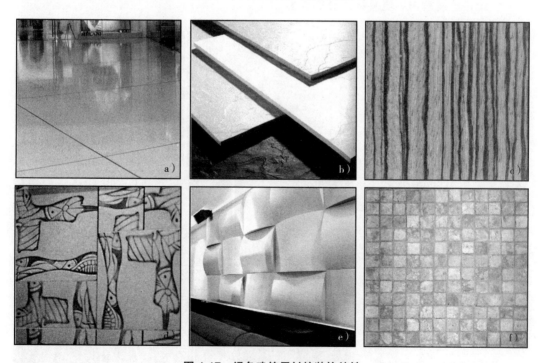

图 4-17　绿色建筑用材的装饰特性

a）光泽　b）质地　c）底纹　d）图案　e）造型　f）质感

2.绿色建筑室内环境装饰用材的特征

绿色建材与传统的建材相比，可归纳为以下基本特征：

1）应以相对最低的资源和能源消耗、环境污染作为代价生产出高性能的传统建筑材料。

2）绿色建材生产所用原料大量使用废渣、垃圾、废液等废弃物。

3）其设计是以改善生产环境、提高生活质量为宗旨，即绿色建材不仅不能损害人体健康，还应有益于人体的健康。绿色建材应具有多功能化，如抗菌、灭菌、防霉、除臭、隔热、阻燃、调温、调湿、消磁、防射线和抗静电等特点。

4）绿色建材能够可循环利用或回收利用，应无污染环境的废弃物，在可能的情况下选用废弃的建筑材料，如拆卸下来的木材、五金和玻璃等，以减轻建筑垃圾处理的压力。

5）绿色建材能够大幅地减少建筑能耗，如具有轻质、高强、防水、保温、隔热和隔声等功能的新型墙体材料。

6）绿色建材避免使用会释放污染物的材料，并将包装减少到最低程度。

4.4.2 绿色建筑室内环境装饰用材的类型与要求

1.绿色建筑室内环境装饰用材的类型

根据绿色建筑材料的基本概念与特征，绿色建筑材料分为以下几类（图4-18）。

（1）基本型建筑材料

基本型建筑材料是指一般能满足使用性能要求和对人体健康没有危害的建筑材料。这种建筑材料在生产及配置过程中，不会超标使用对人体有害的化学物质，产品中也不含有过量的有害物质，如甲醛、氮气和挥发性有机物等。

（2）节能型建筑材料

节能型建筑材料是指在生产过程中对传统能源和资源消耗明显小的建材，

图 4-18　绿色建筑室内环境装饰用材的类型

如聚苯乙烯泡沫塑料板、膨胀珍珠岩防火板、海泡石、镀膜低辐射玻璃、聚乙烯管道等。如果能够节省能源和资源，那么人类使用有限的能源和资源的时间就会延长，这对于人类及生态环境来说都是非常有贡献意义的，也非常符合可持续发展战略的要求。节能型建筑材料同时降低能源和资源消耗，也就降低了危害生态环境的污染物产生量，这又能减少治理的工作量。生产这种建筑材料通常会采用免烧或者低温合成，以及提高热效率、降低热损失和充分利用原料等新工艺、新技术和新型设备。

（3）循环环保型建筑材料

循环环保型建筑材料是指在建材行业中利用新工艺、新技术，对其他工业生产的废弃物或者经过无害化处理的人类生活垃圾加以利用而生产出的建材。如使用电厂粉煤灰等工业废弃物生产墙体材料，使用工业废渣或者生活垃圾生产水泥等。环保型乳胶漆、环保型油漆等化学合成材料，甲醛释放量较低、达到国家标准的大芯板、胶合板、纤维板等也都是环保型的建筑材料。近年来还有一种新的环保型、生态型的道路材料——透水地坪，也越来越多地被用作绿色建筑室内环境装饰之中。

（4）安全舒适型建筑材料

安全舒适型建筑材料是指具有轻质、高强、防水、防火、隔热、隔声、保温、调温、调光、无毒、无害等性能的建材。这类建筑材料与传统建筑材料有很大的不同，它不再只重视建筑结构和装饰性能，还会充分考虑安全舒适性。所以，这类建筑材料非常适用于室内装饰装修。

（5）特殊环境型建筑材料

特殊环境型建筑材料是指能够适应特殊环境（海洋、江河、地下、沙漠、沼泽等）需要的建材。这类建筑材料通常都具有超高的强度、抗腐蚀、耐久性能好等特点，我国在开采海底石油、建设长江三峡大坝等宏伟工程中都需要使用此类建筑材料。如果能改善其建材的功能，延长建材的寿命，那么自然也就改善了生态环境，节省了资源。为此，特殊环境型建筑材料也是一种绿色建筑材料。

（6）健康功能型建筑材料

健康功能型建筑材料是指具有保护和促进人类健康功能的建材。这里所说的健康功能，主要是指消毒、防臭、灭菌、防霉、抗静电、防辐射、吸附二氧化碳等对人体有害的气体等的功能。传统建筑材料可能不危害人体健康即可，但这种建筑材料不仅不危害人体健康，还会促进人体健康。因此，它作为一种绿色建材日益受到人们的喜爱，常被运用于建筑室内装饰装修中。如防静电地板就是这种类型的绿色建材，当它接地或连接到任何较低电位点时，均可使电荷耗散，因而能防静电。这种地板当前多用于计算机房、数据处理中心、实验室等房间的室内装饰装修。

95

2. 绿色建筑室内环境装饰用材的要求

绿色建筑室内环境装饰用材的要求主要表现在对资源利用、能源消耗、环境影响、建材质量及其本地化和回收等方面的要求:

（1）资源利用方面的要求

1）尽可能地少用建筑材料。

2）使用耐久性好的建筑材料。

3）尽量使用和占用较少的不可再生资源生产的建筑材料。

4）尽量使用可再生利用、可降解的建筑材料。

5）尽量使用利用各种废弃物产生的建筑材料。

（2）能源消耗方面的要求

1）尽可能使用生产能耗低的建筑材料。

2）尽可能使用可减少建筑能耗的建筑材料。

3）使用能充分利用绿色能源的建筑材料。

（3）环境影响方面的要求

1）建筑材料在生产过程中的 CO_2 排放量低。

2）对大气污染的程度低。

3）对于生态环境产生的负荷低。

（4）建材质量方面的要求

1）最佳地利用和改善现有的市政基础设施,尽可能采用有益于室内环境的材料。

2）材料能提供优质的空气质量、热舒适、照明、声学和美学特性的室内环境,使居住环境健康舒适。

3）材料具备很高的利用率,减少废料的产生。

（5）本地化和回收的要求

材料本地化即减少材料在运输过程中对环境的影响,促进当地经济的发展。旧建筑材料的回收利用以节约建筑成本和资源消耗等。直至满足《绿色建筑评价标准》（GB/T 50378—2019）中对居住和公共建筑室内环境装饰用材及材料资源利用的要求。

4.4.3 绿色建筑室内环境装饰用材的选择与应用

1. 绿色建筑室内环境装饰材料的选择

绿色建材已成为世界各国 21 世纪建材工业发展的战略重点。而节约建筑材料,降低建筑中的物耗、能耗,减少建筑对环境的污染,是建设资源节约型社会与环境友好型社会的必然要求。因此,做好原材料的节约对降低生产成本和提高企业经济效益是有十分现实意义的工作。通常来说,绿色建筑室内环境装饰材料选择需考虑的要点（图4-19）

包括以下方面：

图 4-19　绿色建筑室内环境装饰材料的选择

（1）适用

绿色建筑室内装饰材料的选用必须考虑到适用的原则，这里所说的适用，就是指所选用的绿色建筑室内装饰材料应与其建筑物的功能特点、使用性质、装修部位、投资标准相适应，以满足不同功能的绿色建筑对其室内装饰材料的不同需要。

（2）时尚

绿色建筑室内装饰材料的选用必须考虑到时尚的原则，这里所说的时尚，就是在材料选用上要考虑随着时间的推移、变化与发展，其所选绿色建筑室内装饰材料能够更新，以满足所处时期的流行趋势。

（3）对话

绿色建筑室内装饰材料的选用必须考虑到对话的原则，这里所说的对话，就是在材料选用上还要考虑到与人和空间环境的沟通，以反映出人们返璞归真、回归自然的心理需求，从而使其绿色建筑室内环境设计能以其特有的、鲜明的时代气息来实现人与空间环境的对话与融合。

（4）健康

绿色建筑室内装饰材料的选用还必须考虑到健康的原则，这里所说的健康，就是在材料，尤其在高新材料的选用上要防止使用后从空间界面上涌现出来的隐性"杀手"对危害人体的，并能注意对绿色建筑装饰材料的选用，以使人们所拥有的室内空间环境能更加舒适，且有利于人们健康地生活与工作。

2. 绿色建筑室内环境装饰材料的应用

绿色建筑室内环境装饰材料在其室内装饰中的应用，主要包括建筑室内空间界面中的内墙、地面及吊顶，以及室内空间的家具与陈设饰品等方面的应用：

（1）在建筑室内空间内墙中的应用

建筑内墙装修的目的是为了保护室内空间的内墙墙体，满足室内使用条件、使用功能的需要，同时为绿色建筑室内空间带来一个舒适、美观而整洁的生活环境。

在一般情况下，内墙饰面不承担墙体热工的功能。但在墙体本身热工性能不能满足使用要求时，就需要在内墙涂抹珍珠岩类保温砂浆等装修涂层。传统的内墙抹灰能起到"呼吸"作用，并能调节室内空气的相对湿度，起到改善使用环境的作用；若室内湿度高时，抹灰能吸收一定的湿气，使内墙表面不至于马上出现凝结水；室内过于干燥时，又能释放出一定的湿气，起到调节环境的作用。

内墙饰面的另一项功能是还能够辅助墙体起到声学功能，如反射声波、吸声、隔声的作用等。例如采用泡沫塑料壁纸，平均吸声系数可达到 0.05；采用平均 2cm 厚的双面抹灰砂浆，随墙体本身密度的大小可提高隔墙隔声量 1 ～ 5.5dB。

（2）在建筑室内空间地面中的应用

建筑地面装修的目的同样是为了保护基底材料或楼板，并达到对其进行装饰的效能，以满足使用上的要求。一般来说普通的钢筋混凝土楼板和混凝土地坪的强度和耐久性均好，但人们对地面的感觉是硬、冷、灰、湿。而对于加气混凝土楼板或灰土垫层，因其材料的性质较弱，则必须依靠面层来解决耐磨损、耐碰撞的冲击，以及防止擦洗地面的水渗入楼板引起钢筋锈蚀或其他不良因素的损坏。这种覆面材料就是地面饰材。若地面装修标准高，地面饰材除应具有保护与美化的功能外，还应兼有保温，隔声，吸声和增加弹性的作用。如木地板、塑料地板、高分子合成纤维地毯热传导性低，使人感觉暖和舒适，同时还可起到隔声、吸声的作用。

（3）在建筑室内空间吊顶中的应用

顶面是建筑室内环境设计中除了墙面、地面之外，用以围合建筑内部空间的又一个重要的界面。在建筑室内环境空间中采用不同的顶面处理方法可取得各不相同的空间效果，其中不同的吊顶装饰材料则具有不同的装修作用。

绿色建筑室内环境顶面的装饰材料在建筑室内空间环境中不仅具有装饰与美化的功能，还可用来遮盖照明、通风、音响与防火等管线与设备，同时兼具一定保温、隔热、吸声与反射声的作用。因此吊顶是技术要求比较复杂、难度较大的装饰工程项目，必须结合建筑室内空间环境的体形、构造、装饰效果、经济条件、设备安装、技术要求与安全问题等各个方面的内容来进行综合考虑。

（4）在建筑室内空间家具与陈设饰品中的应用

建筑室内空间家具与陈设饰品中的装饰材料，选用需遵循材料利用绿色化的 4R（减量利用 Reduce，重复利用 Reuse、循环利用 Recycle、再生资源利用 Regrow）原则，以实现绿色建筑室内空间家具与陈设饰品用材的天然化、绿色化、环保化。绿色家具主要类型有原木家具、科技木家具、高纤板家具、纸家具系列，以及不含损害人体，未经漂染的牛、羊、猪等皮张制作的家具，以藤、竹等天然材料制作的椅、沙发、茶几等家具，以不锈钢、玻璃、钛金属板等材料制作的家具等；绿色陈设饰品主要类型有纺织陈设物品、日用陈设物品与装饰陈设物品等，其种类繁多，在建筑室内空间应用中，陈设应从室内环境的整体性出发，在统一之中求变化，并根据绿色建筑室内环境空间的功能和室内整体风格的需要来确定陈设设计物品，以便为绿色建筑室内空间环境锦上添花。

4.5　能源利用与绿色建筑室内环境

能源在推动经济发展、社会进步的同时，也为各国带来了前所未有的挑战，能源短缺以及国家之间为争夺能源而产生的摩擦更是困扰着人类社会面向未来的发展。能源利用与建筑及室内环境的营建也关系密切，是绿色建筑室内环境创建中不容忽视的环境问题。现代科技研制出的吸热玻璃、热反射玻璃、调光玻璃、保温墙体等新材料具有许多优越的性能，如能在建筑及室内环境中合理使用，可以达到保温和采光的双重效果从而大大节省能源。此外，节能型灯具、节水型部件在绿色建筑室内环境中的充分运用，都能起到节约能源的作用（图 4-20）。

图 4-20　建筑及室内环境中绿色能源利用

4.5.1　能源的含义、类型及未来发展战略

能源是指直接或经转换提供人类所需的光、热、动力等任一形式能量的物质资源，也被称为能量资源或能源资源。它是可产生各种能量（如热能、电能、光能和机械能等）或可以相互转换的能量源泉的物质统称，或者是能够直接取得以及通过加工、转换而取得有用能的各种资源。能源主要包括煤炭、石油、天然气、煤层气、水能、核能、风能、太阳能、地热能、生物质能等一次能源和电力、热力、成品油等二次能源，以及其他新能源和可再生能源。而尚未开采的能量资源只称为资源，不能列入"能源"的范畴。能源是人类活动的物质基础，是社会发展和经济增长的基本驱动力，更是国民经济的重要物质基础，未来国家命运取决于能源的掌控。能源的开发和有效利用程度以及人均消费量是生产技术和生活水平的重要标志。

能源的种类繁多，有不同的分类方式。若按使用类型来分，能源有常规能源和新型能源之分：

常规能源是指利用技术上成熟，使用比较普遍的能源。包括一次能源中的可再生的水力资源和不可再生的煤炭、石油、天然气等资源。

新型能源是指新近利用或正在着手开发的能源，它是相对于常规能源而言的，包括太阳能、风能、地热能、海洋能、生物能、氢能以及用于核能发电的核燃料等能源。由于新能源的能量密度较小，或品位较低，或有间歇性，按已有的技术条件转换利用的经济性尚差，还处于研究、发展阶段，只能因地制宜地开发和利用。但新能源大多数是再生能源，其资源丰富，分布广阔，是未来的主要能源之一。

能源问题是人类对能源需求的增长和现有能源资源日趋减少的矛盾。能源对世界各国经济、社会发展的重要性是不言而喻的，世界各国将合理利用和节约常规能源、研发清洁的新能源和切实保护生态环境作为基本国策，从而形成如下发展趋势，即一是高新技术成果在能源工业迅速推广应用；二是化石燃料正在向高效节能、洁净环保的方向发展；三是天然气的开发利用迅速增长并且前景广阔；四是各种新能源的开发利用引人瞩目；五是核能的开发利用重新受到重视。

当下面对世界能源危机，我国政府也制定出国家能源安全战略和能源可持续发展的战略。2014 年国务院办公厅印发的《能源发展战略行动计划（2014 — 2020 年）》，明确了我国能源发展的五项战略任务。

1）增强能源自主保障能力。推进煤炭清洁高效开发利用，稳步提高国内石油产量，大力发展天然气，积极发展能源替代，加强储备应急能力建设。

2）推进能源消费革命。严格控制能源消费过快增长，着力实施能效提升计划，推动城乡用能方式变革。

3）优化能源结构。降低煤炭消费比重，提高天然气消费比重，安全发展核电，大力发展可再生能源。

4）拓展能源国际合作。深化国际能源双边多边合作，建立区域性能源交易市场，积极参与全球能源治理。

5）推进能源科技创新。明确能源科技创新战略方向和重点，抓好重大科技专项，依托重大工程带动自主创新，加快能源科技创新体系建设。

4.5.2　建筑能源消耗与绿色室内环境的节能

1. 建筑能源消耗及绿色建筑的耗能特点

建筑能源消耗是指建筑使用过程中的能耗，包括供暖、空调、通风、照明、热水、饮食、供水、电梯、家电和办公等方面的能耗，其中以采暖和空调能源消耗为主。而在建筑使用过程中消耗的能源有多种形式，主要包括煤炭、燃油、天然气、电、热能等，以及相关新型能源种类。

绿色建筑在能源利用上强调因地制宜地应用各项节能技术，尽可能地使用可再生能源，强调高效率地利用资源，最低限度地影响环境，与传统建筑相比，其耗能具有以下特点。

（1）促进能源利用和环境友好

绿色建筑强调因地制宜地使用风能、太阳能、水能、生物质能、地热能、海洋能等可再生能源。这些可再生能源因其自身清洁、环保，可以大量减少 CO_2、SO_2、NO_2 这些酸性物质的排放，从而大大减小对环境的影响。

（2）可再生能源的利用率高

为了减少对常规能源的消耗，绿色建筑强调根据当地气候和自然资源条件，充分利用可再生能源。在国家颁布的《绿色建筑评价标准》（GB/T 50378—2019）中对绿色居住建筑可再生能源的利用量做了规定：一般项为可再生能源的使用占建筑总能耗的比例大于 5%；优选项为可再生能源的使用占建筑总能耗的比例大于 10%。对于绿色公共建筑则规定：一般项为采用太阳能、地热、风能等可再生能源利用技术，优选项为可再生能源的使用占建筑总能耗的比例大于 5%。

（3）能效比和能源利用率高

绿色建筑及室内环境的暖通空调系统及热水系统采用可再生能源技术、高性能系数的冷热源机组、变频泵等多项节能技术，从而极大地提高其系统能效比。绿色建筑及室内环境的照明和用电设备可以采用高效率的设备、先进的控制策略等节能技术，提高了能源的利用率。此外设置在绿色建筑的 BAS，可以分项计量建筑及其室内环境内务系统的耗能量，全面掌握建筑能耗，便于发现有节能潜力的系统，提高系统管理水平和提出有针对性的改进措施，并且可以对设备的运行工况进行有效的调节，减少不合理的能源消耗，这些十分有利于提高绿色建筑及室内环境的能源利用率。

2. 能源利用与绿色建筑及室内环境的节能

所谓的节能，实质上是指通过合适的工程控制技术与材料的选择达到节省能源的目的，随着国际能源危机的加剧，对占据社会总能耗近 1/3 的建筑进行节能设计势在必行。全面的建筑及室内环境节能，就是其全寿命过程中每一个环节节能的总和，是指建筑在选址、规划、设计、建造和使用过程中，通过采用节能型的建筑材料、产品和设备，执行建筑节能标准，加强建筑及室内环境所使用的节能设备的运行管理，合理设计建筑及室内环境围护结构的热工性能，提高供暖、制冷、照明、通风、给水排水和管道系统的运行效率，以及利用可再生能源，在保证建筑及室内环境使用功能和热工环境质量的前提下，降低其能源消耗，合理、有效地利用能源（图 4-21）。

图 4-21　建筑能源消耗与绿色室内环境的节能

a）b）美国洛杉矶利用现代特朗勃墙被动式太阳能技术的树屋造型及室内环境
c）天津市河西区集中供热控制中心　d）北方种植大棚利用地热供暖提升室内环境温度

把节约能源作为绿色建筑及室内环境创建中的一个专门课题提出来，其目的是为了引起设计师在建筑及室内环境设计中的重视，促使其更好地做好这项工作。被誉为高技派的国际建筑大师诺曼·福斯特，就在设计中充分发挥高科技所提供的潜力，在实现节能、低耗、低造价的同时，创造了舒适的室内环境条件。其中最有代表性的是他设计的德国林依斯伯格商务促进中心和远程技术中心，这座建筑中的微电子中心由一组包括 12 幢单栋建筑的两个人工气候大棚组成。大棚采用透光的绝热材料，具有特殊的导光系统和日光反射与热量收集系统，通过设在建筑室外树林中的空气收集系统的地下管道吸入新鲜空气，并根据季节变化将新鲜空气冷却或加热后送入大棚。该建筑以煤气作为主要能源，安装在屋面上的两种太阳能电池板作为辅助能源供应系统。太阳能板将水加热，然后送至吸收制冷器，冷却水通过的管网设在悬挂于顶棚上的金属传导网板中，由此将室内空气冷却。新鲜空气经由地板层上的一个通道送入室内，并在沿地面不高的区域形成一个新鲜的空气流。这幢建筑设有先进的控制系统，在保证室内环境舒适的同时又能最大限度地节约能源。尽管这幢建筑室内环境十分舒适，但由于它充分利用了太阳能、自然光、自然通风，所以它的能量消耗很低。另外这幢建筑采用了不少环境技术设备，且用高技术、新材料实现了室内生态设计的许多基本内容，向人们展现了未来绿色建筑及室内环境的许多重要观念。

4.5.3　可再生能源利用与绿色建筑室内环境的创建

1. 可再生能源利用与既有建筑的绿色改造

可再生能源是指在自然界中可以不断再生、永续利用、取之不尽、用之不竭的资源，它对环境无害或危害极小，而且资源分布广泛，适宜就地开发利用。可再生能源主要包括太阳能、风能、水能、生物质能、地热能和海洋能等，是有利于人与自然和谐发展的重要能源。世界各国从 20 世纪 70 年代起，即开始重视可再生能源的开发利用，并将开发利用可再生能源作为能源战略的重要组成部分，制定不少鼓励可再生能源发展的法律和政策，由此推动可再生能源利用得到迅速的发展（图 4-22）。

太阳能及热源综合利用

图 4-22　可再生能源——太阳能的利用与绿色建筑室内环境的创建

我国幅员辽阔，太阳能、风能、地热能、生物质能等资源丰富，具有发展可再生能源的基础。近年来国家在政策和资金上都给予了大力支持，可再生能源的开发和利用得到了较快发展。当前，我国一次能源供应的 15% 和电力供应的 21% 来自可再生能源，我国可再生能源在建筑领域的应用，主要体现在以下几个方面：

（1）太阳能利用

太阳能是指由太阳内部氢原子发生氢氦聚变释放出巨大核能而产生来自太阳的辐射能量。太阳的热辐射能在建筑中的一体化利用，主要有光热与光电利用之分。其中在建筑及室内环境中太阳光热利用的领域主要有太阳能供热水、太阳能供暖、太阳能制冷空调等，运用光伏板组件在阳光下产生直流电的发电装置。有集中式与分散式。集中式所需补热量大，水循环系统能耗较高，其补热方式有待深入研究。分散式目前采用较多，但其热水供应保障性有时较差，效率也有待提高。在建筑及室内环境中太阳能光热利用，除太阳能热水器外，还有太阳房、太阳灶、太阳能温室、太阳能干燥系统、太阳能土壤消毒杀菌技术等，运用太阳热能科技将阳光聚合，并运用其能量产生热水、蒸汽和电力。太阳能如今已成为人们生活中不可缺少的一部分，并将成为绿色建筑及室内环境改造中可再生能源利用的重要手段。

（2）风能利用

风能是因空气流做功而提供给人类的一种可利用的能量，是太阳能的一种转化形式。风能是可再生的清洁能源，储量大、分布广，利用风能对环境无污染，对生态无破坏，环保效益和生态效益良好。随着城市的发展大量高层建筑的出现即为城市风能发电提供了理想的环境，利用风力发电，具有免输送的优势，还可将太阳能、风能结合起来降低建筑及室内环境的能耗，具有良好的推广前景。

（3）地热能利用

地热能利用是指利用地下热能为人类服务，有地热发电和直接利用之分。我国地域广阔，蕴藏着丰富的地表浅层地能资源。通过浅地层热泵（有地源热泵和水源热泵）机组，将地下浅层地热资源通过输入少量的高品位能源（如电能），实现低温位热能向高温位热能转移。地热能利用在冬季作为热泵供暖的热源和夏季空调的冷源，即在冬季，把地能中的热量"取"出来，提高温度后，供给室内供暖；夏季，把室内的热量取出来，释放到地能中去。对既有建筑及室内环境进行绿色改造，可依据进行绿色改造建筑及室内环境的特点来选用浅地层热泵形式。

（4）生物质能

生物质能是自然界中有生命的植物提供的能量，这些植物以生物质作为媒介储存太阳能，是一种唯一可再生的碳源，可转化成常规的固态、液态和气态燃料。当前较为有效地利用生物质能的方式包括：一是制取沼气，主要是利用城乡有机垃圾、秸秆、水、人畜粪便，通过厌氧消化产生可燃气体甲烷，供生活、生产之用；二是利用生物质制取酒精。生物质能源可以以沼气、压缩成型固体燃料、气化生产燃气、气化发电、生产燃料酒精、热裂解生产生物柴油等形式存在，开发利用生物质能对农村既有建筑及室内环境绿色改造更具特殊意义。

2. 能源利用及在绿色建筑室内环境营建中的探索

意大利著名建筑师皮阿诺在设计曼尼尔博物馆时，研究了阳光照射、采光调节（图4-23）。他用细致的构造技术设计了一个由300块遮阳板组成的屋面，充分利用自然光为博物馆展品照明，而且创造出一个轻巧、具有高技术特征的采光顶棚。通过采光顶棚进入博物馆的光极为奇妙，这种自然光随着天空的阳光和云影的变化而产生富有韵律的效果。

图 4-23　意大利建筑师 R·皮阿诺设计的美国休斯敦曼尼尔博物馆

位于美国俄亥俄州东北的 OBERLIN 学院，在校园中推出一项耗资 500 万美元的环保建筑项目，该项目所需能源中的一半由建筑曲线形屋顶上的板状太阳能光伏发电设备供应，板的倾角可自动追踪太阳行迹；另一部分建筑屋顶为绿化所覆盖，具有迅速吸纳太阳能、缓和雨水排放流速的特点，是理想的自然隔声、绝热层。同时，该环保建筑及室内环境还具有供应物和消耗物保持平衡，生活和设施体系的生成品安全分解、回收再使用等特征。

近年来，我国在取得巨大经济与社会发展成就的同时，也遇到了能源紧张的问题。对能源利用在建筑及室内环境营建中的探索也引起重视。杭州能源与环境产业园内所建杭州绿色建筑科技馆（图 4-24），即将可持续发展理念贯彻在设计、施工、运营的全过程，科技馆的每平方米能耗只有普通建筑的 1/4，节能率达到了 76.4%。科技馆采用了建筑物自遮阳系统、被动式通风系统、环保外围护系统、智能化外遮阳、通风百叶系统、索乐图日光照明系统、温湿度独立控制空调系统、可再生能源（太阳能、风能、氢能）发电系统、能源再生电梯系统、雨水收集、中水回用系统、智能控制、分项计量系统等最先进的建筑节能系统，有效减少建筑能耗，减少对自然环境的负面影响，营造出了恒温、恒湿、恒氧、健康、舒适的环境，促进人与建筑、自然的和谐发展。可见，在绿色建筑室内环境设计方面注重能源的节约，对绿色室内环境的创建也具有重要的社会意义和广阔的应用前景。

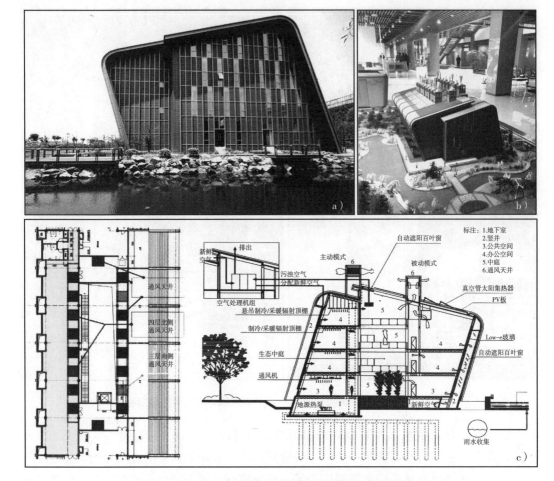

图4-24　中国节能·杭州绿色建筑科技馆

a）中国节能·杭州绿色建筑科技馆建筑造型　b）中国节能·杭州绿色建筑科技馆建筑室内环境

c）建筑中庭周围18个拔风井中14个用于排放中庭内各楼层积聚的空气平面与剖立面示意图

4.6　废物处理与绿色建筑室内环境

伴随着人居环境建设的快速发展，废物排放也成为现代世界各国面临的环境问题。如何对数量巨大的废弃物品进行有效处理和利用，无疑是建设资源节约型和环境友好型社会，实施治污减排，确保人居环境公共卫生安全，提高人居环境建设质量和生态文明水平，实现科学发展的一项重要工作。

4.6.1　废弃物品的内涵及处理方式

1. 废弃物品的内涵及其分类

世界各国对废弃物品的定义各不相同。如日本有关废弃品物处理及清扫法律中，将废弃物品定义为垃圾、粗大垃圾、灰渣、污泥、粪尿、废油、废酸、废碱、动物尸体及其他污物以及不要物；美国 1976 年颁布的《资源保护和回收法》中将废弃物品定义为资源的一种，并于 1986 年对该法进行了修订。在 2012 年 3 月国家环境保护部发布的中华人民共和国国家环境保护标准《环境工程名词术语》（HJ 2016—2012）中将废弃物品定义为在生产、生活和其他活动中产生的丧失原有利用价值或者虽未丧失利用价值但被抛弃或者放弃的固态、半固态和置于容器中的气态的物品、物质以及法律、行政法规规定纳入废物管理的物品、物质。

而对废弃物品的分类，世界各国皆依据不同标准进行划分。我国对其主要按性质、状态、组成、所在系统、处理责任、处理方式与自然性状予以分类：

1）按性质分为危险废弃物、一般废弃物两类。前者也称为有害废弃物，是指对人体健康或环境造成现实危害或潜在危害的废弃物，或是指列入国家危险废物名录或者根据国家规定的危险废物鉴别标准和鉴别方法认定的具有危险特性的废物。通常我国将具有易燃、易爆、放射、腐蚀、反应、传染特点的六类废弃物视为危险废物。如废弃的强酸、强碱液等。后者是指危险废弃物以外的废弃物，如废纸、厨余等。

2）按状态分为固态废弃物（也称固体废物与垃圾，如城乡生活垃圾、粉煤灰、渣土、包装材料等）。液态废弃物（如生活污水、工业废水、有机溶剂、废酸、废碱等及气体废弃物，如工厂烟尘、汽车尾气等）。

3）按组成分为有机废弃物（是指由有机物料构成的废弃物，如动物尸体、废塑料、废纸、废纤维等）。无机废弃物（是指由无机物料构成的废弃物，如废金属、废玻璃陶瓷、炉渣等）。

4）按所在系统分为生活废弃物、工业废弃物和农业废弃物等。

5）按处理责任分为统一收集并处理废弃物与自行处理废弃物等。

6）按处理方式分为可燃废弃物、难燃废弃物、不可燃废弃物、可堆肥废弃物与不可堆肥废弃物等。

7）按自然性状则可分为城乡生活、产业两大类废弃物，在城乡生活废弃物中又包括居民生活垃圾，如废纸、厨余、废纤维、废木竹、废塑料、废橡胶、废金属、废玻璃陶瓷、废家电制品、废家具、废自行车等私用交通工具、废厨厕用具等，以及与居民生活垃圾自然性状相同的部分产业废弃物。产业废弃物包括炉渣、污泥、废油、废酸、废碱、废塑料、废纸、废木屑、废纤维、动植物性残渣、废橡胶、废金属、废玻璃、陶瓷、矿渣、建筑废料、动物粪便、动物尸体、粉尘等种类。

当下国内城市对废弃物品收集进行归类，如上海市对其分为可回收物、有害垃圾、湿垃圾与干垃圾四类予以处理：

可回收物——是指适宜回收循环利用和资源化利用的废塑料、废纸、废玻璃、废金属等废弃物。

有害垃圾——是指纳入《国家危险废物名录》，对人体健康或者自然环境造成直接或者潜在危害的，且应当专门处置的废镍镉电池、废药品等废弃物。

湿垃圾——是指易腐性的菜叶、果壳、食物残渣等有机废弃物。

干垃圾——是指除可回收物、有害垃圾、湿垃圾以外的其他生活废弃物。

北京市从 2020 年 5 月 1 日开始，新版《北京市生活垃圾管理条例》正式实施，规定产生生活垃圾的单位和个人是生活垃圾分类投放的责任主体，应当按照下列规定分类处理投放生活垃圾：

1）按照厨余垃圾、可回收物、有害垃圾、其他垃圾的分类，分别投入相应标识的收集容器。

2）废旧家具家电等体积较大的废弃物品，单独堆放在生活垃圾分类管理责任人指定的地点。

3）建筑垃圾按照生活垃圾分类管理责任人指定的时间、地点和要求单独堆放。

4）农村村民日常生活中产生的灰土单独投放在相应的容器或者生活垃圾分类管理责任人指定的地点。

国内相关城市也相继跟进，对废弃物品的归类处理颁布相关管理条例、归类方法、分类标识及实行时间，以推动生态文明建设及健康中国战略实施的进程（图 4-25）。

2. 废弃物品的处理方式

废弃物品处理专指日常生活或者为日常生活提供服务的活动所产生的固体废弃物以及法律法规所规定的视为生活垃圾的固体废物的处理，包括废弃物品的源头减量、清扫、分类收集、储存、运输、处置及相关管理活动。归纳来看，废弃物品的处理有焚烧、堆肥与填埋三种方式。

（1）焚烧处理

焚烧法是将废弃物品置于高温炉中，使其中可燃成分充分氧化的一种方法，产生的热量用于发电和供暖。目前美国西屋公司和奥康诺公司联合研制的垃圾转化能源系统已获成功，该系统的焚烧炉在燃烧垃圾时可将湿度达 7% 的垃圾变成干燥的固体进行焚烧，焚烧效率达 95% 以上，同时，焚烧炉表面的高温能将热能转化为蒸汽，可用于供暖、空调设备及蒸汽涡轮发电等方面。焚烧处理的优点是减量效果好、处理彻底，且对周围环境影响较小，其热能可以回收利用。

（2）堆肥处理

针对生活废弃物品中存在的微生物，使有机物质发生生物化学反应，生成一种类似腐殖质土壤的物质，堆肥法既可用作肥料，又可用来改良土壤。这种堆肥处理方式既解决了生活废弃物品的出路，又可达到再生资源利用的目的，只是生活废弃物品堆肥养分含量低，杂质含量较高，长期使用易造成土壤板结和地下水质变坏，需在堆肥预处理或后处理单元进行严格分选。另外在堆肥处理过程中既可通过养殖蚯蚓对其废弃物品予以消化，又可喂鱼、养鸡，以实现减少环境污染的目标。

图 4-25　废弃物品的收集归类及分类标识

（3）填埋处理

填埋法是一种传统而又广泛运用的废弃物品处理方法，从古至今世界各国仍在使用。为防止填埋处理的二次污染，填埋废弃物品必须严禁含有有毒有害物；且含水率小于 20% ~ 30%，无机成分大于 60%，密度大于 0.5t/m³；在降雨量大的地区，填埋物的含水率允许适当增大，但以不妨碍碾压施工为宜。填埋作为一种工程处理工艺，场址选择应符合当地城乡建设总体规划要求，并与当地的大气防护、水资源与自然保护，以及生态平衡要求一致。当前填埋处理是大量消纳城乡废弃物品的有效方法，也是所有废弃物品处理工艺剩余物品的最终处理方法，废弃物品在填埋场发生生物、物理、化学变化，分解有机物，直至达到减量化和无害化的目的。

面对未来的发展，对人居环境中废弃物品的处理应遵循 3R 原则，即减少（Reduce）、重复使用（Reuse）、循环利用（Recycle），即是进行生态文明建设与发展的必然趋势。

4.6.2 建筑废弃物品在室内环境中的回收利用

1. 建筑废弃物品的类型及其危害

建筑废弃物品是指建筑物和各类建筑基础设施在新建、改建、扩建和拆毁的过程中产生的废弃物品，主要包含工程淤泥、渣土、碎石块、砖石瓦块、混凝土块、废砂浆、废柏油、废焦油、废砖瓦、灰浆、废旧五金材料、玻璃、塑料、木材等，其中大多数为固态、半固态的废弃物品。

建筑废弃物品带来的危害主要包括对环境的污染、资源浪费及对社会环境的影响。其中建筑废弃物品对环境的污染具体表现在对水体资源、大气与土壤的污染，以及对土地的侵占。随着社会的发展，城市建设逐渐扩大，建筑废弃物品目前已占城乡废弃物品总数的 30% ~ 40%。当下国内对建筑废弃物品多采用露天堆放或填埋方式进行处理，由此对土壤的破坏是非常严重的。经过露天长时间的风吹、日晒及雨淋，一些废弃物品中含有的有毒物质经过长时间的堆放、积压逐渐渗透到土壤之中，从而使土壤的物质组成发生变化、破坏土壤原有结构、降低土壤物质活性。另外建筑废弃物品长时间的堆放产生的渗透水若未经处理让其自然流入江河湖海或地下，将导致地表水和地下水的污染，且直接危害水中生物的生活及水资源的利用。

若建筑废弃物品没有得到高效利用和处置不当就会造成资源的浪费。可持续发展战略就是要对建筑废弃物品中可用资源予以循环利用，即通过天然作用或一定的技术手段满足人类对其的需求，直至实现自然资源和再生资源的合理开发和维护。

2. 废弃物品在建筑室内环境中的回收利用

建筑废弃物品的资源化回收利用是指采用再生技术和有效的管理措施，从建筑废弃物品中回收有用的物质和能源。主要包括以下三个方面的内容：

1）物质回收，即从建筑废弃物品中回收可以再利用物质；

2）物质转换，即利用再生技术将建筑废弃物品转化为新物质；

3）能量转换，即在处理建筑废弃物品的过程中回收可用能量，使其充分利用产生热能或电能。

对建筑废弃物品的回收和利用，世界不少发达国家都出台了相关法律法规，建立了一套规范的制度体系，如德国 1996 年颁布的《循环经济与废弃物品管理法》，2002 年日本环境省颁发的《建设循环法》等。虽然在室内环境废弃物品循环利用层面未见单独立法，但相关规定也多纳入建筑废弃物品法规进行统一管理。另外在对建筑及室内环境中的废弃物品的收集、运输与处置中，不少发达国家还将室内装饰废弃物品从建筑中分离出来进行分类处理。如欧美和日本等国家的建筑室内环境大都采用开发商精装修模式，由此在室内装饰废弃物品的管理和处理上即可容易实现集约化和高效率。室内装饰产生的废石膏、木材和金属玻璃等单种废弃物品直接运回制造厂商进行再利用处理，而施工现场产生的混合废弃物品则通过中间处理设施和特别分选再资源化设施来分离不同属性材料，最后进行再生利用处理或者掩埋。法国 CSTB 公司还研发出建筑及室内环境废弃物品循环利用的软件管理系统，可以预测评估废弃物品的产生规模，并对废弃物品的产生、收集和处置进行全过程控制和管理，以实现建筑及其室内环境废弃物品的回收利用。

4.6.3　废弃物品处理与绿色室内环境的创建

我国国家财政部于 2008 年制定了《再生节能建筑材料财政补助资金管理暂行办法》来推动再生节能材料的生产和利用，伴随着我国生态文明建设的推进，关于室内装饰废弃物品的源头分类、清运管理、资源化利用，以及激励政策、财政补贴等方面的法律和标准规范出台，必将推动室内装饰废弃物品循环利用有较大的发展。

而在绿色室内环境创建中，废弃物品处理更是必须认真对待的生态问题。除了尽量少使用或不使用难以自然降解的物品或材料外，在室内环境的设计、建造和日后的运行中，都必须采取相应的措施来保持室内环境的整洁，同时减少这些废物对室内环境和自然环境的污染。

在绿色建筑及室内环境创建中，除了对建筑及室内环境一些特殊的废弃物品（如放射性废料、有毒废料等）严格按照有关要求进行特殊处理外，对于室内环境中日常废旧物品的处理，主要是采用搜集后，由垃圾处理工厂集中处理的方法。但是垃圾的分类投放、分类收集则最好由使用者直接完成，以免垃圾进入处理厂后再由人工分类而造成人力、物力、财力的浪费及对环境的二次污染。

对于绿色建筑及室内环境产生的生活垃圾和厕所污物，除通过城市排污管网直接冲走另行处理，还可以通过再循环方面的装置来加以处理（图 4-26）。这样既可以减轻城

图 4-26　绿色建筑及室内环境产生的生活垃圾和厕所污物通过再循环装置处理

市垃圾处理系统的压力，也可以使得自行处理后的垃圾、污物能够被用来作为肥料用于庭院绿化的施肥。例如美国国立奥杜邦协会总部由一座已有百年历史的老建筑改造而成，其室内环境的废物处理就采取了垃圾分类，并用物理设备（即滑槽、回收中心、堆肥设施等）来支持废物的循环利用。为此设计师专门设计了一套特别的废物处理系统。该系统运用了 4 个从顶到底的管状滑道，每一滑道都被指定装入预先分类的废物：白纸、混合纸、铝制品和塑料、有机废料等。这些废物在地下二层被送入分离箱中，其中有机废物被转化成肥料，用来给屋顶温室中的植物施肥。

4.7　安全防护与绿色建筑室内环境

在建筑室内环境设计中，安全防护问题包括建筑室内空间装修与内外环境的安全，建筑结构的安全，用电、用水、煤气、液化气等的使用方面的安全，以及在建筑室内环境使用方面的安全等，均与绿色室内环境的创建相关，不可等闲视之。

4.7.1　建筑室内环境装修方面的安全

建筑室内空间环境装修的安全，主要是指在建筑室内空间的顶面、墙面、地面及与这些部位直接联系的固定家具、壁柜、吊柜、顶棚、卫生洁具、厨房用品等的安全方面。例如在对原有建筑室内空间环境的改、扩建工程施工中，就容易在上述各个方面产生安全问题。其中许多安全问题是由于建筑室内空间环境装修本身引起的，有些则牵涉建筑结构的安全：

在建筑室内空间顶面装修中，经常采用在顶板下做吊顶的手法。有轻钢龙骨石膏板吊顶、矿棉吸声板吊顶、板条抹灰吊顶、镜面玻璃吊顶等形式。这些吊顶势必增加楼板或顶板的荷重，尤其对大跨度结构的顶板或楼板的承载力的影响更大。

在建筑室内空间墙面装修中，墙面常采用大理石、花岗石、瓷砖、釉面砖、木墙板、木墙裙、喷涂等饰面，而某些水暖电气暗敷设的管道必须在墙的内部埋设，某些墙面由于装饰需要开门开窗，这些做法必然会加大墙体荷重，甚至改变墙体的受力状态。

在建筑室内空间楼、地面装修中，安全方面须考虑的问题，主要是在楼面及有地下室的首层地面开洞、开槽、改变墙体位置、改变房间用途及地面做法、增加楼地面荷重等。另外在建筑室内空间环境设计中，如果房间的用途发生变化，必须考虑楼板甚至梁、柱的承受能力，并需根据楼面上荷载大小的变化考虑是否需要采取加固措施。若需在原有屋面上加层，不仅要对整个楼房的结构进行验算，屋顶板也需考虑其承载能力。若需从柱、墙上伸出挑梁、挑牛腿，在其上做外围护墙、玻璃幕墙、女儿墙等，也需考虑挑梁、挑牛腿的承受能力。

4.7.2　建筑室内环境防火方面的安全

对于建筑室内空间环境方面的防火安全问题，设计师在设计时，需了解建筑室内空间的耐火等级、建筑构件的燃烧性能与耐火极限。弄清建筑物的层数、面积、长度与防火间距，从而布置好建筑物的安全出口及安全疏散的距离，设置好消防给水设施与消火栓及灭火器材。此外，对建筑中已设计好的供暖、通风、空调、电气设备不要因为装修的需要随意破坏，若要进行调整，也必须经过建筑设计师的审定后再修改，并依实际需要的高低对其做增减方面的处理。而且在建筑室内环境中还可根据需要设置火灾自动报警装置与消防控制室，注意室内环境中各个部位对建筑装饰材料的使用要求、做法规定与防护标准等，以保证安全（图 4-27）。

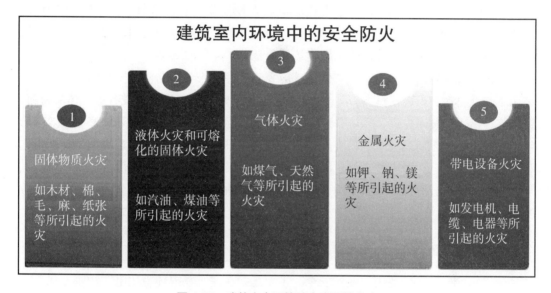

图 4-27　建筑室内环境防火方面的安全

1. 用于建筑室内装饰材料的防火要求

在建筑室内装饰设计中，用于室内装饰的建筑材料（包括保温材料、消声材料及胶粘剂）应该采用非燃烧材料或难燃烧材料。个别部位由于装饰效果特别需要采用一些可燃材料时，其可燃材料必须用涂刷防火涂料和防火浸料浸渍的办法进行阻燃处理，将其改变为难燃烧材料。而聚乙烯泡沫塑料、聚氨酯泡沫塑料等易燃材料不应作为装饰材料。

建筑室内环境设计中装修材料按其使用部位和功能，可划分为顶面装修材料、墙面装修材料、地面装修材料、隔断装修材料等类型。不同装修材料的燃烧性能等级分为 A、B1、B2、B3 四个等级。

2. 建筑室内环境设计及其防火的要点

建筑室内空间装饰设计及其防火的要点，主要是在设计中一定要按照国家颁布的《建筑内部装修设计防火规范》的各项规定严格执行。在室内装饰设计中一定要维护建筑已有的防火设计及安全疏散的各种通道，不足的还应按要求予以补充，切不可为了某些利益而破坏建筑的防火设计。另外规范中对室内装修设计防火给出了几条基本的原则，是整个建筑室内空间装修设计防火中必须严格遵循的。

一是指导思想，即在现代建筑室内环境中，用于装饰的建筑材料常常是火灾的最初引发点，因此在室内环境设计中需要贯彻"预防为主、防消结合"的消防工作指导方针。并要求设计、建设和消防监督部门的人员密切配合，在装修工程中认真、合理地采用各种装修材料，积极采用先进的防火技术，以预防火灾的发生及限制其扩大蔓延。这对减少火灾损失，保障人民生命财产安全具有极为重要的意义。

二是适用范围，即建筑室内装修设计规范的适用范围包括所有的民用建筑和工业厂房的内部装修设计，但它不适用于古建筑和木结构建筑的内部装修设计。这与国家标准《建筑设计防火规范》《高层民用建筑设计防火规范》所规定的适用范围，以及《人民防空工程设计防火规范》规定的民用建筑部分是基本一致的。

三是选择材料，即建筑室内装修设计应妥善处理装修效果和使用安全的矛盾，积极采用不燃性材料和难燃性材料，尽量避免采用在燃烧时产生大量浓烟或有毒气体的材料，做到安全适用、技术先进、经济合理。因此，在实际工作中必须正确处理好装修效果与使用安全之间的矛盾。所谓的积极选用不燃材料和难燃材料是指在满足规范最低基本选材要求的基础上，在考虑美观的前提下，尽可能地采用不燃性和难燃性的建筑材料。

四是装修设计，即在建筑室内装修设计中，除执行室内装修设计防火规范外，还应符合现行的有关标准、规范的规定，以防患于未然。

4.7.3　建筑室内环境使用方面的安全

建筑室内空间环境使用方面的安全，主要是指在建筑室内环境用电、用水、煤气、液化气等使用方面的安全及行走道路与活动中的安全问题。这些已成为现代社会中仅次于交通事故的安全事故（图4-28）。主要包括：

火灾事故——建筑室内环境进行装修后，易燃材料与可燃物质增多，从而引发火灾的因素也随之增加。

坠落事故——由于阳台栏杆在强度、高度或布置形式不当而引起，其中以小孩跌落事故为多。

碰撞事故——位于额头高度的障碍物最危险，也有被高处落下物砸伤的。

跌落事故——楼梯是比较危险的地方，应注意上下楼梯的安全。

滑倒事故——应注意地板是否防滑，还要研究地板与脚疲倦之间的关系，并尽量避免倾斜地面在居室环境中的出现。

撞伤与划伤事故——若在走廊、厕所、浴室存在设计上的缺陷，就有可能引起擦伤。而建材中的"毛刺"则可能划伤手指。

玻璃事故——当门窗玻璃一旦碎裂，就会成为室内环境中最危险的"凶器"。

烫伤事故——高热源是建筑室内环境中的危险因素，暴露的散热器更容易伤人，浴室更是发生烫伤的"温床"。

碰撞　　　　蹭伤　　　　滚落

疾病　　　　火灾　　　　防盗

夹伤　　　　割伤　　　　烫伤

图 4-28　建筑室内环境使用方面的安全

中毒事故——由于烧煤炉引起一氧化碳中毒,厨房中液化石油气的泄漏引起火灾,使用热水器与空调导致缺氧伤亡事故的发生。

家电事故——包括电击、起火、爆炸、触电与有害射线带来的危害。

阳台封闭事故——许多住户由于不了解阳台与房屋的结构受力上的差异,而将阳台封闭当房间使用,从而造成阳台承载力超载而导致事故的发生等,都给生活与工作于室内环境中的人们带来很大的危害。

除了绿色建筑及室内环境创建中上述不容忽视的相关问题以外,相关问题还有很多,它们都是当代人们在现代建筑室内环境健康地居住、工作、生活、休息与娱乐等活动中理应受到重视的科学问题。

第5章　绿色建筑室内环境的污染防治

人类经历了工业革命带来的"煤烟型污染"和"光化学烟雾型"污染后，正在进入以"室内环境污染"为标志的第三个污染时期。室内环境污染问题越来越严重地威胁和危害人体健康，据国际有关组织调查统计，在世界 30% 新建和重修的建筑物中发现了有害人类健康的室内气体。室内环境污染已成为对公众健康危害最大的环境因素之一。现代人如何有效防治建筑室内环境污染已经成为绿色建筑室内环境设计研究的重要课题。

5.1 建筑室内环境的污染类型及危害

5.1.1 建筑室内环境的污染来源及分类

当建筑室内环境由于种种原因造成污染物积累而导致环境质量（尤其是空气质量）发生恶化时，建筑室内环境就可认为受到了污染，这种现象便是建筑室内污染（图 5-1）。

建筑室内环境受到多方面的影响和污染，从性质来看，可分为化学、物理与生物污染三类：

1. 化学污染

影响建筑室内环境的化学污染物主要来自建筑装修、家具、玩具、煤气热水器、杀虫喷雾剂、化妆品、厨房的油烟等。包括有机污染物和无机污染物，有机污染物主要包括甲醛、苯系物、三氯乙烯等，无机污染物主要包括氨、一氧化碳、氮氧化物、二氧化硫等。世界卫生组织（WHO）报道的研究数据显示，全世界每年大约有 300 万人死于室内化学污染引起的疾病，占总死亡人数的 5%。30% ~ 40% 的哮喘病、20% ~ 30% 的其他种类呼吸道疾病都是由室内化学污染所导致。另外，甲醛、苯系物等挥发性有机污染物具有强烈的刺激性，长期生活在污染物超标的环境中会造成人体的神经系统紊乱、呼吸系统和血液循环系统疾病、胎儿的先天性缺陷或畸形，甚至引发白血病及癌变。吸入甲醛浓度超过 $30mg/m^3$ 的空气可致人死亡。具有以上危害的建筑室内化学污染物的种类与来源见表 5-1。

图 5-1 建筑室内环境的污染类型及危害

表 5-1　建筑室内化学污染物的种类与来源

污染物种类	污染物	来源
有机污染物	甲醛	涂料、油漆、胶粘剂、泡沫塑料板、人造板材、家具等
	苯系物	地板、顶棚、油漆、涂料、稀释剂、胶粘剂、家具等
	酯类物质及三氯乙烯	涂料、油漆、干燥剂等
	总挥发性有机化合物	人造板材、泡沫材料、壁纸、油漆、涂料、胶粘剂、油墨等
无机污染物	碳、氮、硫氧化物	厨房油烟、燃料燃烧、烟草燃烧、汽车尾气、工业废气等
	悬浮固体颗粒物	燃料燃烧、建筑扬尘、汽车尾气、工业废气等
	氨气	下水道废水废气、膨胀剂、防冻剂、胶粘剂等

2. 物理污染

影响建筑室内环境的物理污染主要来自电器设备产生的噪声、电磁辐射、光污染；来自石材、砖、混凝土、水泥产生的放射性污染和灯光照明不足或过亮、温湿度过高或过低所引起的相关问题及石棉污染等。

建筑室内环境中的物理污染同样对人类的健康威胁巨大。世界卫生组织 2014 年发布的研究报告显示，噪声污染不仅严重危害人类的心理健康，更会增加诱发心脏病、心血管病的风险，长期暴露在噪声超标的环境中，还会间接缩短人的寿命。电磁污染在造成电磁干扰和信息泄露的同时，还会严重威胁人类的身体健康。大量科学实验表明电磁波通过热效应、非热效应、滞后和累积效应与生物体发生作用，并导致人体心血管系统、中枢神经系统、脑组织、生殖系统、免疫系统等的病变。长期生活在电磁辐射过量的空间内，将会导致人体产生不同程度的病变，甚至会引起各类癌症的发生。而室内空间常见的放射性物质氡，是导致人类肺癌的第二大"杀手"，同时还可能引起白血病、不孕不育、胎儿畸形、基因畸形遗传等后果。建筑室内环境物理污染的种类及来源见表 5-2。

表 5-2　建筑室内环境物理污染的种类及来源

物理污染种类	来源
噪声污染	交通噪声：地铁交通、地面交通以及航空工业噪声建筑施工、工业生产等，生活活动噪声：广场舞、鞭炮、乐器训练等
电磁辐射污染	广播电视发射设备、通信雷达发射接收装置、电力系统、家用电器、无线网络等
放射性污染	水泥、混凝土、花岗石、大理石等装饰材料

3. 生物污染

微生物结构简单，主要包括细菌、病毒、真菌以及一些小型的原生生物、微型藻类等。由于体积微小，可单独或附着于气溶胶颗粒，并可长时间悬浮于空气中并通过空气传播。大气中大多数微生物对人体有益，也有一少部分病原微生物危害人体健康，会造成疾病传播。在室内环境相对湿度高达 90% ～ 100%，潮湿、结露的地方，容易生长螨虫、细菌和真菌等微生物。细菌和真菌与人体接触，会导致人体出现头痛、胸疼、干咳、腹泻等症状并引发昆士兰热、肺结核等呼吸道传染病，长期接触室内真菌代谢产物会对人体免疫功能尤其是呼吸道防疫功能造成威胁。

建筑室内生物污染主要来源于以下几个方面：

1）建筑室外空气中的微生物。当人在室外环境活动后，会将室外的微生物带入到室内。如果有病人或病原体携带者将病原微生物排入空气中，有可能造成疾病流行。尤其是在一些通风不畅、人员拥挤的环境，会有较多的微生物存在。

2）建筑室内养殖的一些绿色植物，有的会产生植物纤维、花粉及孢子等，会引起哮喘、皮疹等过敏反应。

3）建筑室内饲养宠物的皮屑，以及宠物携带的细菌、病毒等微生物散布于空气中，也会成为传播疾病的媒介。

4）空调机、加湿器等内部储水在温度适宜时，也会引起某些细菌、霉菌、病毒滋生。研究发现，空调机内的细菌和真菌会诱发或加重呼吸系统的过敏性反应从而引起哮喘。

此外还有视觉污染，这是一种以主观感受为评价尺度的特殊的污染形式。若以污染形态来划分，则可分为水污染、空气污染、噪声污染、电磁污染和固体废物污染等类别。上述污染因素并不一定同时出现，而往往是随不同的时间和不同的家庭状况发生变化。国内普通城市居民家庭中最为常见的建筑室内污染则以建筑室内空气污染为主，且多数时候难以被人们所察觉，因此其危害也往往被人忽视。

5.1.2　形成建筑室内环境污染的原因

建筑室内环境污染主要是由装修引起的。而家居装饰污染之"毒"，主要是由以下三个方面的原因产生的。

1. 建筑装饰材料选用不恰当

建筑装饰材料按材性可为金属材料、无机非金属材料、有机高分子材料和复合材料。无机非金属材料，如石材、洁具、砌块（特别是矿渣砖、炉渣砖）等，影响建筑室内环境质量的关键在于其放射性物质含量，通常从污染的大气中以及混凝土、石材、砖瓦等材料中进入居室，其中以天然石材的氡气为多。人造板材是装修材料中使用最多的材料之一，在这些材料制作过程中所使用的胶粘剂、外加剂等都含有大量工业萘、蒽、甲醛、苯酚等有毒物质。如胶粘剂中含有大量甲醛，使人造板材用后不断散发出有毒、有害气体。氨气来自水泥里添加的氨水、尿素等外加剂。苯来自油漆和涂料中，主要产生于为达到涂刷要求在油漆中添加的溶剂和助剂。国家卫生、建设和环保部门曾经进行过一次建筑室内装饰材料抽查，结果发现具有毒气污染的材料会挥发出甲醛、三氯乙烯、苯、二甲苯等 300 多种挥发性的有机化合物。

尤其是劣质建筑装饰材料，在其生产和应用过程中，往往只考虑粘接性能和降低成本问题，忽视了挥发性有机化合物的控制。如我国用的最普遍的胶粘剂是酚醛树脂和脲醛树脂，二者皆以甲醛为主要原料，而脲醛树脂所含游离甲醛高、危害大，但价格较低，所以以脲醛树脂为主的胶粘剂得到了广泛使用，但其污染更严重。所以装修产生建筑室内空气污染的根源是所用装饰材料。

2. 建筑内外装修设计不合理

随着技术水平的提高，各种新型材料不断涌现，目前市场上达到绿色环保标准的材料很多。装修设计时，在满足使用功能的前提下，应尽量选用由低毒性、低有害气体挥发量的溶剂型胶粘剂或水性胶粘剂生产的环保材料。

但是，使用了环保材料，并不等于从根本上消除了建筑室内环境污染，这里还有一个材料用量问题。市场上的环保装饰材料中不是没有有害物质，而是有害物质的含量或释放量低于国家标准。如果消费者能正确使用，且使用量较小，环保材料确实比一般材料更加安全。但由于材料具有污染叠加的特点，若在装修时进行豪华堆砌，就容易造成环保材料使用不当或者是超标使用。以甲醛为例，假设在一套 $100m^2$ 的居室里，使用 20 张环保的木芯板，建筑室内环境中的甲醛含量一般是符合国家标准的，但如果在这套居室内使用 40 张甚至 50 张木芯板，那么建筑室内的甲醛含量很可能就会超标，造成污染。

因此，当达标材料的使用量过多后，也会出现使用达标建材而最终建筑室内环境指数仍超标的问题。所以，设计时应根据居室面积、房间容积承载度等，对材料的使用量以一定的限制，并处理好装修通风设计等问题，才能尽可能地降低建筑室内环境污染。

3. 建筑装修施工工艺不到位

装修施工过程中，使用水泥时掺氨外加剂，用胶粘剂贴墙砖，木地板下用木芯板作毛地板，木芯板、胶合板切口未进行封闭处理，涂料、油漆应涂膜未达到一定的厚度等，都可能加重建筑室内空气污染。施工中采用含有大量游离甲醛的胶粘剂（如 107 胶），或在过多使用建筑胶粘剂粘接后又用材料覆盖，有害气体迟迟散发不尽，就会形成建筑胶粘剂长期持续地对建筑室内空气造成污染危害。

5.1.3 现代建筑室内环境污染的特征

建筑室内环境污染通常都具有广泛性、日常性、隐蔽性、长期性、直接性、多样性和差异性等特征。

1. 建筑室内环境污染的广泛性

建筑室内环境污染不同于特定的工矿企业环境，它包括居室环境、办公室环境、交通工具内环境、娱乐场所环境和医院疗养院环境等，影响的人群数量非常大。

2. 建筑室内环境污染的日常性

建筑室内环境污染的日常性是指人们对于许多的居室环境污染并不认识，往往由于

"习以为常"而并没有意识到已经形成的污染对身体健康的危害。比如，建筑室内空气污染往往与紧闭门窗是密切相关的。许多人因为开空调、冬天室内保温、防止室外尘土、噪声传入等原因而常年将门窗密闭，殊不知这会酿成居室环境的污染，危害身体健康。

3. 建筑室内环境污染的隐蔽性

建筑室内环境污染往往具有很强的隐蔽性，无论是建筑室内空气污染、电磁辐射污染、放射线辐射污染还是有害微生物的污染，其污染物都是大家的肉眼所看不见、鼻子难以闻到、耳朵听不见、手也摸不着的，但是它们又确确实实存在并且严重危害着居住在建筑内的人们的身体健康，因此，人们把它们称之为"隐性杀手"。

4. 建筑室内环境污染的长期性

居住环境污染的污染物往往长期作用于在建筑室内环境中。比如，从装修材料中排放出来的污染物如甲醛，尽管在通风充足的条件下，它还是能不停地从材料孔隙中释放出来。有研究表明甲醛的释放可达十几年之久，而放射性污染发生危害作用的时间可能更长。

5. 建筑室内环境污染的直接性

建筑室内环境污染的污染物往往是直接作用于人体，比如建筑室内的污染空气可通过人的呼吸直接进入人体的呼吸系统；电磁辐射或放射线辐射则可穿透衣物与皮肤作用于人体各个器官，从而使生活或工作在该环境中的人们直接遭受其伤害。

6. 建筑室内环境污染物种类的多样性

到目前为止，已经发现的建筑室内污染物就有 3000 多种。不同的污染物同时作用在人体上，可能会发生复杂的协同作用。而且虽然目前已经了解了一部分污染物对人体机体的部分危害，但建筑室内环境中大部分低浓度的污染对人体可能造成的长期影响，以及它们的作用机理还不是非常清楚。

7. 建筑室内环境污染的差异性

建筑室内环境污染随着地域、经济发展水平、居室种类、季节以及居民生活习惯等不同而有很大的差异。如电力充裕的国家多以电做饭及取暖，其居室污染就与以煤或煤气、液化气为主要燃料的国家所造成的煤烟污染不一样；同样以煤为主要燃料的国度，北方由于冬季取暖，其居室污染比南方就要更严重些。又比如，嗜烟者的家庭其居室污染就比不吸烟家庭的居室污染要严重。因此，居室环境污染的情况必须针对具体对象做具体分析。

5.1.4　建筑室内环境污染的危害

1. 建筑室内环境污染的危害性质

在 2002 年 4 月召开的我国首届全国建筑室内空气质量与健康学术研讨会上，就公布了一个惊人数字：据统计，我国每年由建筑室内空气污染引起的超额死亡数可达 11.1

万人，超额门诊数可达 22 万人次，超额急诊数可达 430 万人次。严重的建筑室内环境污染在给人们健康造成损失的同时，也造成了巨大的经济损失。来自我国各地大量的监测数据表明，近年来，我国建筑室内化学性、物理性、生物性的污染都在增加（图 5-2）。

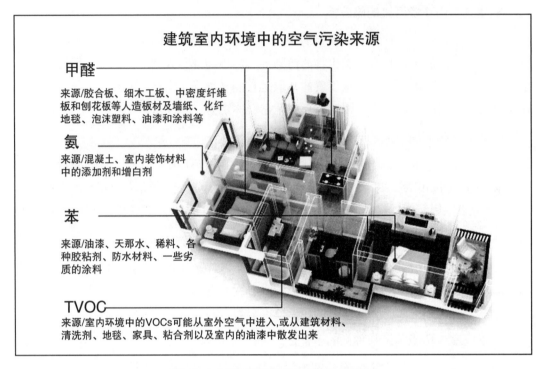

图 5-2　建筑室内环境中的空气污染来源

世界卫生组织发布于 2019 年 1 月发布了 2019 年全球卫生面临的 10 项威胁报告，其内容分别为：

1）空气污染和气候变化。空气污染导致每年 700 万人因癌症、脑卒中等疾病而早死，其中 90% 的早死发生在工业、交通和农业污染物排放较高的中低收入国家。

2）慢性非传染性疾病。慢性非传染性疾病与全球 70% 以上的死亡有关，吸烟、身体活动不足、酗酒、不健康饮食和空气污染是慢性非传染性疾病发病率升高的主要因素。

3）全球流感大流行。

4）脆弱、恶劣的环境。22% 的全球人口生活的地方面临干旱、饥荒、冲突和人口流离失所等问题，且健康服务薄弱，难以获得基本医疗服务。

5）抗微生物药物耐药。用来对抗细菌、寄生虫、病毒和真菌等微生物的药物耐药问题凸显，可能会导致突发公共卫生事件但缺乏有效治疗方法和疫苗的疾病和病原体，可能导致难以轻易治愈肺炎、肺结核等感染。

6）埃博拉和其他高危病原体。

7）初级卫生保健薄弱。应建立强大的初级卫生保健系统来实现全民健康覆盖，然而，许多国家的初级卫生保健设施不足。

8）疫苗犹豫。尽管疫苗可用，但迟迟不愿或拒绝接种疫苗。

9）登革热。全世界 40% 的地区面临登革热风险，每年约有 3.9 亿人感染，世界卫生组织的登革热控制战略旨在到 2020 年将死亡人数减少 50%。

10）艾滋病毒。

报告中将空气污染和气候变化列在首位，人们长期生活在建筑室内，因此受到的空气污染主要来源于建筑室内。居室环境对人的日常生活有着重大的影响，居室的选址、设计、建设以及传统的烹调和取暖造成的室内环境污染都会对人类健康产生重大影响。据统计，全球近一半的人处于建筑室内空气污染中，建筑室内环境中的空气污染已经引起 35.7% 的呼吸道疾病，22% 的慢性肺病和 15% 的气管炎、支气管炎和肺癌。报告中特别提到居室装饰使用含有有害物质的材料会加剧建筑室内空气的污染程度，这些污染尤其对儿童和妇女的影响巨大。

2. 建筑室内环境污染的危害因素

美国全国职业安全与卫生研究所对政府及商业办公楼、学校、卫生设施进行了调查，对健康危害的因素见表 5-3。

表 5-3　建筑室内环境污染对健康危害的因素

因素	构成比例（%）
通风不良	48
建筑室内空气污染	18
室外污染物进入	10
建筑物构件产生的污染物	3.5
湿度	4
吸烟	2
其他	4.5
原因不明	10

3. 建筑室内环境污染的危害特点

（1）加害主体不确定性

由于造成人体伤害的因素比较复杂，也不能排除建筑室内环境以外其他一些因素造成人体伤害的可能性。

（2）造成人体伤害的因果关系复杂性

人生活在复杂的建筑室内环境中，其健康损害往往由多种因素促成，如果缺乏必要的科学依据，则难以证实某种建筑材料与某健康损害结果之间的必然关系。

（3）受害个体的差异性

由于每个人的体质、遗传因素、过敏史和家族病史的不同，使得在相同建筑室内环境污染情况下，受伤害情况出现较大差异。

（4）建筑室内环境污染对人体伤害的潜伏性

据医学专家研究证明，癌症在人体内的潜伏期长达 20 年以上。

（5）建筑室内环境造成伤害的广泛性

这更增加了认定和衡量某种建筑和装饰材料中有害物质对人体损害程度的困难。

另外，由于体质的差异性、有害物质的放射程度及用量、接触时间长短，造成的伤害也是不同的。

所以，应该科学地分析建筑室内环境污染物质对人体造成的伤害，提高人们的自我保护意识和建筑室内环境意识，尽量减少和防止建筑室内环境中有害物质对人体的伤害。同时，对建筑室内污染造成的伤害要进行具体分析，进行科学的评断。

5.1.5　建筑室内环境污染的防治措施

建筑室内空气状况正引起人们的高度重视。现代家居装修，要做到完全拒毒是不可能的，但可以通过做好防毒、排毒、降毒、除毒工作，把装修之毒控制在对人体不造成危害的限度内。

1. 选材拒毒

从装修方面讲，所有有害物质均出自装饰材料中。对于装饰材料，国家制定了严格的毒性控制标准，并根据毒性大小将其分为 A、B、C 三级。一般来说，B 级不能进卧室，C 级不能进房间。因此，对消费者而言，必须严把材料关，做到谨慎选择装饰材料，拒毒于门外。装修前与装饰公司订好协议，到管理规范的材料市场购买合格的"三有"（有品牌、有厂家、有检测报告）产品，并做好主要装修材料的进料和验收。目前国内市场中的环保型建筑装饰材料品种也越来越多，如环保型的人造木质板材、绿色涂料、水性木器漆、环保型的壁纸、强化木地板以及 107 胶的替代品等，使人们装修拒毒有了更多的选择。

若是购买成品家具，也需要注意家具所用材料。市场上绝大部分成品家具的原材料也是人造木质板材，家具刚制成时比 3 个月后毒性大若干倍，家具内部比家具表面的毒性大若干倍，选购要谨慎（图 5-3）。

2. 设计防毒

在装修前要科学地确定装修设计方案，对房间整体的结构、用材和布局进行设计。每一套房屋的面积都是有限的，对材料所释放的有害气体的承载度也是有限的，因此，为防治污染，装修格调力求做到简洁、大方、实用，不要过分追求豪华、奢侈。应树立轻装修、重装饰的新理念,同时还要做好"预评价"工作。即在装修前,根据整个居室的承载度和建筑室内通风量,对最大限度能够使用的各种材料的数量做出预算,限制某些含毒材料的使用数量,防止使用量过多造成污染,尤其是细木工板和密度板一定要限量使用。材料用量计算方法是,把房间的立方米数和各种装饰材料的有害气体释放量总和进行比较,所得的数值"环保指数"和国家规定的"环保指数"做比较,低于指标为合格。上述"环保指数"计算值必须明显低于国家环保限量值,为添置家具和其他装饰用品的污染留好提前量。

图 5-3　选材拒毒

3. 植物清毒

很多植物对空气有净化作用,试验表明,在 24h 的照明条件下,芦荟可消减房间空气中 90% 的甲醛;常青藤可消减 90% 的苯;龙舌兰可吸收 70% 的苯、50% 的甲醛、24% 的三氯乙烯;吊兰可吸收 96% 的一氧化碳和 86% 的甲醛。也可利用一些自然的除味品放在房间内和柜子里,如柠檬、柚子皮、橘子皮、白醋以及一些绿色植物都有一定的空气净化作用。若已经产生了装修污染,就可以考虑在房间里摆放上述植物。当然,布置绿色植物时应考察植物的特性,卧室中最好不要摆放绿色植物和鲜花,尤其是夜间,缺少了阳光,没有了光合作用,不能制造氧气,但它们也需要呼吸,和人一样,吸入氧气,呼出二氧化碳。只有少数植物能够在夜间制造氧气,只是不很好看,如"仙人球"类植物(图 5-4)。

图 5-4　绿色植物可以清除建筑室内环境中的
污染气体

4. 施工降毒

材料中有害成分的含量不等同于释放量,其挥发速度和方式也不同。如果施工时将装饰材料中的有害物质密封在材料当中,不散发到建筑室内空气中去,一般就不会对人体造成伤害。所以，通过合适的施工方法可以控制装饰材料中有害物质的空气释放量。如用木芯板打柜子、包暖气罩等最好不要有裸露的地方，里面及所有的切口还要用甲醛封闭剂进行封闭密封。在家居装修中为防止氡气从墙体漏出，应尽量使用环保涂料涂抹墙体。涂料、油漆应多做几遍，涂膜要达到一定的厚度。消费者可聘请专业人士帮助在工艺制作方面指导把关，以保证家居装饰后居室环境指数达标，使有毒有害气体释放降到最低。

为减少污染，在施工中还应尽可能不用或少用胶粘剂。当前装饰施工已开始实施装配式装修，将传统家装大量制作的木制品转化为"工厂制作"，现场安装，可以在很大程度上解决因材料、工艺等难以达到环保要求的问题。

5. 通风排毒

预防建筑室内空气污染最经济、最有效的措施是自然通风，保证建筑室内有一定的新风量。按照国家《建筑室内空气质量标准》，建筑室内新风量应该保证在每人每小时不少于30m³。装修完后不能马上入住，而应在通风透气较长时间后再考虑搬家。据专家测试，一间氡浓度在151 Bq/m³的房间，开窗通风一小时后建筑室内氡浓度会下降到48 Bq/m³。因此，居室要经常开窗户通风换气，切忌长时间的封闭。尤其是新建的住房和新装修的住房一定要坚持长期开窗，增加建筑室内空气的流动。随着时间的推移，让各种气体尽量散发，其毒性会有所减少。最好是没有其他气味，油漆、涂料等干燥后再入住。另有条件的家庭可以安装建筑室内排风机和有通风功能的空调器，特别是一些点式结构和通风状况不好的住宅楼更要注意。尽量不要在通风不好的新装修房间里过夜。

6. 设施除毒

在冬季，中央空调式居室因通风不好，可选择使用空气净化器设施除毒。目前市场上品种繁多，选择理想的净化器可从以下几方面考虑，一是针对性强，如果建筑室内主要是氨污染，那么可采用针对氨的净化器，如果建筑室内刚装修完，空气中污染物较多，要挑选综合性较强的净化器。二是要有效。三是无二次污染，不产生其他有害物质等。不要轻易使用化学置换剂，因一些化学置换剂经过使用，虽然消除了一些污染源，但会产生新的污染。在不知道会产生何种物质、会造成何种疾病时最好不要使用。四是失效时有指示装置，如用化学物质处理过的活性炭来吸附氨，一定时间后活性炭会失效，如用颜色来指示，用户就知道失效而更换材料。五是使用简便、经济、美观等，但最重要的是有效。如现在市场上出现了一种光催化空气净化器产品，对甲醛、苯、氨的清除有较好效果。

7. 检验测毒

为了保护人体健康，预防和控制建筑室内空气污染，国家已经公布的建筑室内空气标准有2002年1月1日起实施的《民用建筑工程建筑室内环境污染控制规范》和"建筑室内装饰装修材料有害物质限量"的强制性国家标准；2003 年 3 月 1 日起实施的我国第一部《建筑室内空气质量标准》，提到要准确认定建筑室内污染，检测是主要手段。真实、客观反映建筑室内空气质量的主要方法，是通过专业的仪器设备进行检测，尤其是对危害最严重且较为普遍的甲醛、苯、氡、氨、挥发性有机化合物（TVOC）5 种污染物的监测（图 5-5）。

8. 综合预防

图 5-5　室内空气检测机构通过专业仪器设备检测

装修后影响居住环境的因素也有很多，其中包括居住者的生活习惯，比如是否喜欢开窗，在家的时间长短，烹调方法和习惯（天然气和液化气燃烧时，其中的氨也会释放到建筑室内），空调的使用等情况；还包括家居环境的温度、湿度和空气流动速度对装饰材料中有害物质的释放的影响。如居室中温度越高、湿度越大，材料中有害物质散发的速度越快。从装修到入住，这个过程中存在很多不确定因素，需要根据以上分析进行综合考虑，全面而有针对性地做好预防，使人们在享受装修带来的舒适环境的同时，也能享受健康快乐的生活。

5.2　建筑室内环境污染源解析及控制

建筑室内环境污染源主要为空气污染、噪声污染、电磁辐射污染、燃烧污染与视觉污染等，对其来源、危害等进行解析，是予以控制的关键。

5.2.1　建筑室内空气污染及控制

建筑室内空气污染问题早在 20 世纪 70 年代就引起了广泛关注，据世界卫生组织统计，在现代社会中，80% 的人类疾病都与空气污染有关。从世界范围来看，能源危机导致节能效果好的高气密性建筑得到推广，由此带来的负面影响却是人们居于封闭结构的建筑室内，因空气流通不畅致使质量不佳，易使人们出现"病态建筑综合征"，其症状包括头疼、眼、鼻、喉部疼痒、咳嗽、免疫力下降等。认知建筑室内环境现状及其空气品质对人体健康的影响，在此基础上探讨相关措施以改善室内空气品质，维持良好的建筑空气环境是绿色建筑设计尚需面对的最为紧迫的问题。

1. 建筑室内空气品质

（1）建筑室内空气品质的概念

建筑室内空气品质（Indoor Air Quality，简称 IAQ）的概念是 20 世纪 70 年代后期在一些西方国家出现的。当时人们把建筑室内空气品质几乎等价为一系列污染物浓度的指标。在 1989 年召开的国际建筑室内空气品质研讨会上，丹麦技术大学教士 P. O. Fanger 提出：品质反映了人们要求的程度，如果人们对空气满意，就是高品质；反之，就是低品质。关于建筑室内空气品质定义的飞跃出现在最近几年。美国供暖制冷及空调工程师学会（American Society of Heating, Refrigerating and Air-conditioning Engineers，简称 ASHRAE）颁布的标准《满足可接受建筑室内空气品质的通风要求》（ASHAER Standard 62—1989）将建筑室内空气品质定义为：良好的建筑室内空气品质应该是"空气中没有已知的污染物达到公认的权威机构所确定的有害浓度指标，并且处于这种空气中的绝大多数人（≥ 80%）对此没有表示不满意"。这一定义体现了人们认识上的飞跃，它把客观评价和主观评价结合起来。不久，该组织在其修订版 ASHAER Standard 62—1989R 中，又提出了可接受的建筑室内空气品质（Acceptable indoor quality）和感官可接受的建筑室内空气品质（Acceptable perceived indoor air quality）等概念。

可接受的建筑室内空气品质是在居住或工作环境内，绝大多数的人没有对空气表示不满意；同时空气内含有已知污染物的浓度足以严重威胁人体健康的可能性不大（图 5-6）。由于建筑室内空气中有些气体，如氨、一氧化碳等没有气味，对人也没有刺激作用，不会被人感受到，但对人的危害却很大，因而仅用感官可接受的建筑室内空气品质是不够的，必须同时引入可接受的建筑室内空气品质。

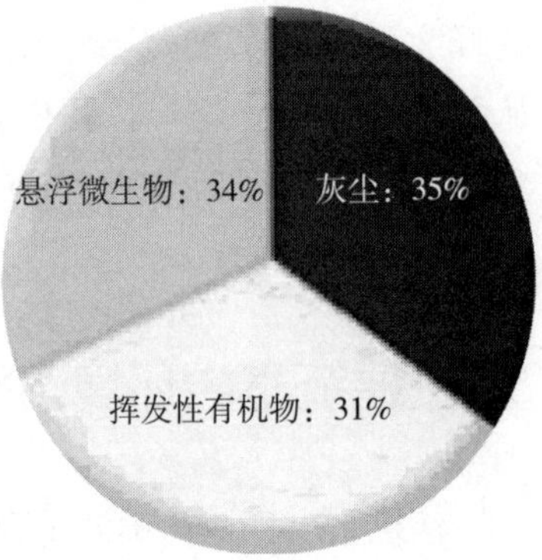

图 5-6　室内空气品质中各种物质的构成比例

另外，世界卫生组织（WHO）建议："在非工业建筑室内环境内，不必要的带气味的化合物浓度不应超越 ED50 检测阈限。同样地，感官刺激物的浓度也不应超越 ED10 检测阈限（ED50 是指在第 50 个百分间隔内的有效剂量）。"

相对于其他定义，ASHREA Standard 62—1989R 中对建筑室内空气品质的描述最明显的变化是它涵盖了客观指标和人的主观感受两个方面的内容，比较科学和合理。因此，尽管当前各国学者对建筑室内空气品质的定义仍存在着一定的偏差，但基本上都认同 ASHREA Standard 62—1989R 中提出的这个定义。

（2）人们对建筑室内空气品质的认识

虽然"建筑室内空气品质"是一个比较新的名词，但有关建筑室内空气品质的问题却存在已久，早在人类开始建造房屋用来遮风避雨的时候就已经出现。过去人们把资源和注意力主要集中在如何控制室外空气污染问题上。20 世纪 70 年代全球性的石油危机爆发以后，为节省建筑能源消耗，空调建筑中普遍减少室外空气的供应量，因而不足以稀释在建筑室内积聚的空气污染物，故出现了大量有关"病态建筑综合征"的报道。自此以后，公众对非工业建筑建筑室内污染物的影响越来越关注。

"病态建筑综合征"是由于在恶劣的建筑室内空气品质的环境中居民健康和舒适的一种不良反应，它表现为一系列相关非特异性症状。研究表明，恶劣的建筑室内空气品质会使建筑室内工作人员的生产力受到影响，具体表现为高缺勤率及工作效率降低等现象。其实，建筑室内空气污染并不可怕，怕的是对建筑室内空气污染的不了解。如果对建筑室内空气品质有了正确的认识，人们不仅可以避免建筑室内空气污染的发生，并且即使在出现了建筑室内空气污染的情况下也能够正确地处理。

2. 影响建筑室内空气品质的污染物

建筑室内空气污染是指建筑室内环境的空气质量由于肮脏空气的积累而严重恶化从而造成对人体健康危害的一种现象。由于建筑室内空气往往流动性差，污染物在建筑室内极易积累，加上为了节约用于取暖和制冷的能源，以及抵御外界对建筑室内的干扰，现代建筑越来越趋向于封闭，因此，进入建筑室内的新鲜空气越来越少，这就不断加剧了建筑室内环境的污染。据一项最近的调查表明，在电影院、舞厅、大商场、拥挤的车厢或船舱等人口密集的建筑室内环境中，往往为了不让建筑室内的噪声传出影响周围居民的生活，或是为了保持室温或是其他原因而将门窗紧闭，造成建筑室内空气污染（图 5-7）。

图 5-7　影响建筑室内空气品质的污染物

建筑室内空气污染物，按其状态划分，主要有悬浮颗粒物和气态污染物两种。较大的悬浮颗粒物如灰尘、棉絮等，可以被鼻子、喉咙过滤掉。空气动力当量直径小于 10um 的可吸入颗粒物，如粉尘、纤维、细菌、病毒等，可随着呼吸进入肺部并存留在肺的深处，不易排出体外，危害人体健康，可引起人体呼吸系统、心脏及血液系统、免疫系统和内分泌系统等的损伤。建筑室内空气中气态污染物包括一氧化碳、二氧化碳、臭氧、氮氧化物及挥发性有机物（如甲醛、苯、其他芳香化合物）等。主要来自建筑材料、装饰材料、复印机、香烟烟雾、清洁剂和燃烧产物等，部分会附着在颗粒物上被消除掉，大部分会被吸入肺部，会对人体造成肺炎、支气管炎、慢性肺阻塞和肺癌等疾病。

（1）最主要的建筑室内污染物——甲醛

甲醛（HCHO）在常温下是一种无色易溶、有强烈刺激性气味的气体，其35%~40%的水溶液可用做消毒剂（即福尔马林），此溶液的沸点为19℃，故在室温时极易挥发，遇热时挥发速度更快。甲醛有杀菌、解毒、防腐、作中间剂等作用，因而被广泛运用于工业生产等各个领域，美国的甲醛年产量超过400万t，一半是用来生产聚脲、酚醛树脂和脲醛泡沫塑料，这些聚合物又被用于建筑材料和家具。

1）建筑室内空气中甲醛的来源。建筑室内空气中甲醛的来源有建筑室外和室内之分，建筑室外的来源主要有工业废气、汽车尾气、光化学烟等。建筑室内的来源一是装饰所用胶合板、细木工板、中密度纤维板和刨花板等人造板材，以及使用以甲醛为主要成分的胶粘剂制作的人造板材家具；二是贴墙布、贴墙纸、化纤地毯、泡沫塑料、油漆和涂料等物均含有甲醛成分；三是各种生活用品，如化妆品、清洁剂、防腐剂、油墨、纺织纤维等物多采用甲醛作为处理剂，以及其他室内陈设饰品中所含有的甲醛等。

2）甲醛对人体的危害。甲醛可从上述建筑室内物品中缓慢释放，持续很长时间，有的甚至数年。采用质量很差的刨花板和胶合板装修的房间和用脲醛泡沫塑料隔热的房间，建筑室内甲醛浓度可以达到很高的水平，有的甚至高达 $3.7mg/m^3$。甲醛在常温下是一种无色的有刺激性的气体，而且溶解度很高，所以在上呼吸道即被吸收。甲醛对人体健康的影响主要表现在刺激、毒性与致癌等方面。其中甲醛对人体的毒性作用见表5-4。

表5-4 甲醛对人体的危害

剂量/（mg/m³）	效应	剂量/（mg/m³）	效应
0.05	脑电图改变	1.0	组织损伤
0.06	眼睛刺激	6.0	肺部刺激
0.06~0.22	嗅觉呼吸刺激	60	肺水肿
0.12	上呼吸道刺激	120	致死
0.45	慢性呼吸病增加，肺功能下降		

虽然，甲醛所导致的空气质量和人体健康的复杂关系还在继续深入研究，但已进行的研究表明，甲醛对人体有很强的致癌作用。因此，美国职业安全卫生研究所（NOSH）将甲醛确定为致癌物质，国际癌症研究所也建议将甲醛作为可疑致癌物对待，而世界卫生组织（WHO）美国环境保护局（EPA）均将甲醛列为潜在的危险致癌物与重要的环

境污染物加以研究和对待。

通常情况下，人类在居室中接触的一般为低浓度甲醛，但是研究表明，长期接触低浓度的甲醛（0.07 ~ 0.068 mg/m³），虽然引起的症状强度较弱，但也会对人的健康有较严重的影响（图 5-8）。

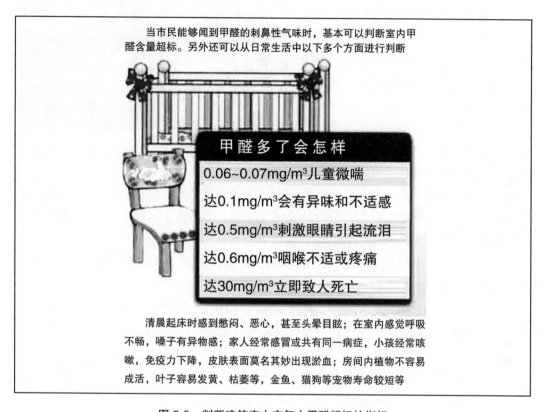

当市民能够闻到甲醛的刺鼻性气味时，基本可以判断室内甲醛含量超标。另外还可以从日常生活中以下多个方面进行判断

甲醛多了会怎样

0.06~0.07mg/m³儿童微喘

达0.1mg/m³会有异味和不适感

达0.5mg/m³刺激眼睛引起流泪

达0.6mg/m³咽喉不适或疼痛

达30mg/m³立即致人死亡

清晨起床时感到憋闷、恶心，甚至头晕目眩；在室内感觉呼吸不畅，嗓子有异物感；家人经常感冒或共有同一病症，小孩经常咳嗽，免疫力下降，皮肤表面莫名其妙出现淤血；房间内植物不容易成活，叶子容易发黄、枯萎等，金鱼、猫狗等宠物寿命较短等

图 5-8　判断建筑室内空气中甲醛超标的指标

（2）芳香杀手——苯

苯是一种无色透明，易燃（沸点为 80.1℃），具有特殊芳香气味的液体。苯在工业上广泛使用，主要用于合成某些化工原料、药品、染料、杀虫剂和塑料产品。甲苯、二甲苯属于苯的同系物，都是煤焦油分馏或石油的裂解产物。

1）建筑室内空气中苯的来源。由于甲苯、二甲苯具有易挥发、黏性强的优势，因此建筑室内装修中多用甲苯、二甲苯代替纯苯做各种胶粘剂、油漆、涂料、清洁剂以及防水材料的溶剂或稀释剂。在这些化工溶剂中都含有大量的苯及苯类物质，经装修后这些苯及苯类物质极易挥发到建筑室内，因此造成了建筑室内空气中的苯污染。其中油漆、油漆与涂料的添加剂和稀释剂、各种胶粘剂、防水材料及一些档次低的涂料等装饰用料中苯类物质的含量较高，这也是造成建筑室内空气中苯量超标的重要原因。

2）苯对人体健康的危害。大量实验表明，苯类物质对人体健康具有极大的危害性。因此，世界卫生组织已将其定为强烈致癌物质（图 5-9）。苯类物质对人体的危害分为急性中毒和慢性中毒两种，相对于建筑室内环境，由于建筑室内环境中苯类物质的浓度较低，因此其对人体的危害主要是慢性中毒。

图 5-9　芳香杀手——苯对建筑室内空气的污染

①慢性苯中毒主要是由于苯及苯类物质对人的皮肤、眼睛和呼吸道有刺激作用。经常接触苯和苯类物质，皮肤可因脱脂而得干燥，脱屑，有的甚至出现过敏性湿疹。

②长期吸入苯能导致再生障碍性贫血。初期时齿龈和鼻黏膜处有类似坏血病的出血症，并出现神经衰弱样症状，表现为头昏、失眠、乏力、记忆力减退、思维和判断能力降低等症状。以后出现白细胞减少和血小板减少，严重时可使骨髓造血机能发生障碍，导致再生障碍性贫血。若造血功能完全破坏，可发生致命的颗粒白细胞消失症，并可引起白血病。

③女性对苯及其同系物的危害较男性更敏感，据专家统计发现，接触甲苯的实验室工作人员和的自然流产率明显增高。

④苯可导致胎儿的先天性缺陷，据专家们进行的动物实验也证明，甲苯可通过胎盘进入胎儿体内，胎鼠血中甲苯含量可达母鼠血中的 75%，胎鼠会出现出生体重下降，骨化延迟等现象。

⑤幼儿比成年人更容易受到苯污染的危害，据研究人员认为，幼儿尿液中黏糠酸和氢醌含量高表明他们受苯的危害比成年人更为严重。

（3）放射性污染物——氡

氡是由镭衰变产生的自然界唯一的天然放射性惰性气体，无色无味。氡在空气中以自由原子状态存在，很少与空气中的颗粒物质结合，常温下氡及子体在空气中能形成放射性气溶胶而污染空气。氡气易扩散，能溶于水和脂肪，在体温条件下，极易进入人体。

1）建筑室内空气中氡的来源。一是房屋地基土壤中的氡，二是建筑装修材料中的氡，三是燃料和富氡水中的氡，四是烟草的燃烧等均可给建筑室内带来氡污染（图5-10）。随着工业化和"三

图 5-10　建筑室内装修用材中的氡可以从含镭的建材中衰变而来

废"治理的不断发展，许多工业废渣被用来制作建材，而工业废渣往往对放射性物质有着不同程度的聚集，因而一些工业废渣类建材如粉煤灰砖、磷石膏板等中的放射性有所增加。另外国内釉面砖普遍用于家居客厅、卧室和办公室的装饰，人们接触时间较长，容易造成建筑室内放射性物质的污染，从而危及人们健康。

2）建筑室内氡污染对人体健康的危害。弥漫在建筑室内空气中的氡衰变为氡子体，它是肉眼看不见的极微细的、放射性金属粒子，随空气被吸入肺。进入的氡子体，部分黏在支气管黏膜上，部分侵入体液再进入肺细胞组织。氡在细胞组织内继续衰变，不断产生 α 粒子。进入肺细胞的放射性 α 粒子被称为"小能量炸弹"。高浓度的氡可直接导致肺癌、白血病和呼吸道病变，这已被铀矿工的流行病学以及相关实验研究证实。虽然氡与肺癌发生率之间的确切量效关系仍在研究之中，但氡致肺癌已经得到证实。科学研究表明，氡对人体的辐射伤害占人体一生中所受到的全部辐射伤害的 55% 以上，其诱发肺癌的潜伏期大多在 15 年以上，世界上有 1/5 的肺癌患者与氡有关，所以氡是仅次于吸烟的第二致癌因素，世界卫生组织已经将氡列为人类重要的 19 种环境致癌物之一。值得关注的是，吸烟者受氡的照射后致肺癌发生率约为不吸烟者的 10 倍。

科学研究还表明，由于氡对人体的脂肪有很高的亲和力，因而超标准的氡浓度可以影响人的神经系统，使人精神不振，昏昏欲睡。另外，医学研究已证实，除上述危害外，氡气还会使人体的免疫系统受到损害，还可能引起白血病、不孕不育、胎儿畸形、基因畸形遗传等后果。特别是对于儿童、老人和孕妇，这些影响更大。

（4）建筑室内的臭气——氨

氨是一种无色而有着强烈刺激性恶臭味的气体，是一种碱性物质，比空气轻，可感觉最低浓度为 $3.76mg/m^3$。

1）建筑室内空气中氨气的来源。

一是建筑室内装饰材料中的胶粘剂、涂料添加剂以及增白剂大部分使用氨水，造成氨气在空气中长期积存，虽然其污染释放较快，但对人体也有危害。

二是人体在不停地进行新陈代谢中产生大量的废弃物，这些废弃物主要是通过呼吸、大小便、汗液等排出体外，且也含有大量的氨。还有生活污水中，其所含氮有机物在细菌的作用下也可分解为氨，所有这些都给建筑室内环境带来污染（图 5-11）。

图 5-11　氨气对建筑室内环境中人的健康危害极大

2）氨对人体健康的危害。氨气对人及动物的上呼吸道及眼睛有着强烈的刺激和腐蚀作用，能减弱人体对疾病的抵抗力。人吸入氨气后，会出现流泪、咽痛、胸闷、咳嗽甚至声音嘶哑等症状，严重时还可引起心脏停搏和呼吸停止。在潮湿条件下，氨气对建筑室内的家具、电器、衣物有腐蚀作用，对人的皮肤也有刺激和腐蚀作用。

（5）可吸入颗粒物

空气中悬浮着大量的固体或液体颗粒，这些颗粒被称为悬浮颗粒物。悬浮颗粒物按粒径大小可以分为降尘和飘尘，降尘是指空气中粒径大于 $10\mu m$ 的悬浮颗粒物，由于重力作用容易沉降，在空气中停留时间较短，因而对人体的危害较小。飘尘是指大气中粒径小于 $10\mu m$ 的悬浮颗粒物，能在空气中长时间悬浮，故又称为可吸入颗粒物。由于可吸入颗粒物可以深入到呼吸系统，因此它对人体的健康危害较大，是建筑室内外环境空气质量的重要指标。可吸入颗粒物在空气中是以气溶胶的形态存在的。

一般来讲，可吸入颗粒物包括石棉、玻璃纤维、磨损产生的粉尘、无机尘粒、金属微粒、有机尘粒、纸张粉尘和花粉等。其中石棉和重金属对人体健康的危害极大。

1）建筑室内环境中可吸入颗粒物的来源。

①可吸入颗粒物来源有建筑内外之分。建筑室外空气中存在着大量的可吸入颗粒物，除自然界的风沙尘土、火山爆发、森林火灾和海水喷溅等自然来源外，主要来源于各种燃烧、交通运输及工业生产的排放，室外空气中的可吸入颗粒物可以通过门、窗及门窗的缝隙进入建筑室内，从而对建筑室内空气造成污染。建筑室内可吸入颗粒物的来源主要是由人的活动引起的，如燃烧、吸烟、行走、衣物扬尘等，均能产生大量的可吸入颗粒物。

②石棉的来源，建筑室内空气中的石棉主要来源于建筑室内环境。建筑室内环境中的石棉及含石棉的建筑材料，经长时间磨损、机械振动或人为的损伤以及老化等，均可导致建筑室内空气中石棉浓度的增高。

③来源于建筑室内的重金属粒子，诸如内墙涂料助剂、颜料和涂料、室外各种污染源（带入室内的灰尘与汽车尾气等）、室内吸烟与装饰陈设饰品中所含重金属粒子对其室内空气的污染。

2）可吸入颗粒物对人体的危害。

①一般可吸入颗粒物对人体的危害表现在进入人的肺部后，大量可吸入颗粒物在肺泡上沉积下来可使得局部支气管的通气功能下降，细支气管和肺泡的换气功能减低，可引起肺组织的慢性纤维化，导致肺心病、心血管病等一系列病变，并可以降低人体的免疫功能。另外可吸入颗粒物又是多种污染物、细菌病毒等微生物的"载体"和"催化剂"。现已查明，建筑室内空气中大致有几十种致癌物质，其中主要的是多环芳烃及其衍生物和放射性物质（如氡及子体）等，这些致癌物质绝大多数是以吸附在可吸入颗粒物上而存在于建筑室内空气环境中的，并随着可吸入颗粒物被吸入人体内，从而使这些有毒物质对人体健康的危害加大。

②石棉对人体健康的危害极大，现美国已将石棉列为"毒性物质"，国际癌症研究

中心将石棉列为致癌物质。据大量的临床观察，如果在人的肺中沉积了大约 1g 的石棉，就有可能产生严重的肺癌；如果在胸肋和腹膜上沉积了大约 1mg 的石棉，就会发生"间皮瘤"。科学家的研究还发现吸烟对石棉粉尘的吸入有着增强作用。据统计，接触过石棉的工人得肺癌后去世者是正常人的 8 倍，而吸烟的石棉工人，则是他们的 192 倍。

③铅对人体健康的危害。由于铅不是人体所需的微量元素，且不能降解演变为无毒化合物，一旦进入人体就会积累滞留、破坏机体组织。铅可以以粉尘和烟雾的形式通过呼吸道和消化道进入人体，经呼吸道的铅吸收较快，有 20% ~ 30% 被吸进血液循环系统；经消化道吸收的铅为 5% ~ 10%。铅吸收后通过血液循环进入肝脏，其中的一部分与胆汁一起进入小肠内，最后随粪便排出体外；剩下的那一部分进入血液。在初期阶段，血液中的铅主要分布在各组织里面，以肝和肾中的含量最高，最后，组织中的铅会变成不能溶解的磷酸铅沉积在骨头和头发等处。铅还可以通过胎盘、乳汁影响后代，婴幼儿由于血脑屏障发育未完善，对铅的毒性更为敏感。

（6）其他挥发性有机化合物

可挥发性有机物（Volatile Organic Compounds，简称 VOC）是指沸点范围在 50 ~ 260℃ 的化合物。到目前为止，非工业性的建筑室内环境中可测出的 VOC 已达到 300 多种，其中有 20 多种为致癌物或致突变物。虽然它们都以微量和痕量水平出现，每种化合物很少超过 $50mg/m^3$，但多种 VOC 共存在于同一建筑室内，其联合作用是不可忽视的。因此，对建筑室内空气中的 VOC 一般不分开单个表示，通常采用挥发性有机化合物的总和（Total Volatile Organic Compounds，简称为 TVOC）来表示其总量。

除醛类和苯类物质（芳香烃类）外，按其化学结构的不同，建筑室内空气中 VOC 主要有烷类、烯类、卤烃类、酯类、酮类、胺类和其他。

1）建筑室内挥发性有机化合物的来源。

①有机溶液，如油漆、含水涂料、胶粘剂、化妆品、洗涤剂等。

②建筑材料，如人造板、泡沫隔热材料、塑料板材等。

③建筑室内装饰材料，如壁纸、其他装饰品等。

④纤维材料，如地毯、挂毯和化纤窗帘。

⑤办公用品，如油墨、复印机、打印机等。

⑥设计和使用不当的通风系统等。

⑦家用燃料和烟叶的不完全燃烧。

⑧人体排泄物。

⑨来自室外的工业废气、汽车尾气、光化学烟雾等。

2）挥发性有机化合物对人体健康的危害。

由于建筑室内空气中挥发性有机化合物的种类繁多，通常在低浓度下，将挥发性有机物对人体健康的影响分为三类：

①人体感官受到强烈刺激时对环境的不良感受。

②暴露在空气中的人体组织的一种急性和亚急性的炎性反应。

③由于以上感受引起的一系列反应，一般可认为是一些亚急性的环境紧张反应。

各国科学家研究表明，不同浓度的TVOC可能对人体造成不同的影响，具体见表5-5。

表5-5　不同浓度的TVOC对人体的影响

TOVC浓度（ppb）	人体反应	TVOC浓度（ppb）	人体反应
<50	没有反应	750～6000	可能会引起急躁不安和不舒服、头痛
50～750	可能会引起急躁不安和不舒服	6000以上	头痛和其他神经性问题

（7）建筑室内其他有害气体

1）二氧化碳（CO_2）。二氧化碳主要来源于人群呼吸、吸烟和明火取暖等，当人群密集、通风不良，人会感觉有恶心、头痛等症状时，二氧化碳浓度一般在0.2%～0.3%。二氧化碳含量增高的同时，伴有气温和湿度升高，空气中氧含量和离子数减少，尘粒、细菌和体臭等增加，使人有不适感。

卫生学家将二氧化碳作为评定建筑室内空气污染的指标，如每人每个小时供给20～30m^3新鲜空气，则建筑室内空气中二氧化碳含量可在0.1%以下，此时空气较为清洁。二氧化碳浓度与人体的感觉见表5-6。

表5-6　二氧化碳浓度与人体的感觉

二氧化碳浓度	空气类别	人体的感觉
0.03%～0.04%	正常状态大气	
<0.07%	清洁空气	人体感觉良好
0.07%～0.1%	普通空气	个别敏感者会感觉有不良气味
0.1%～0.15%	临界空气	空气其他形状开始恶化，人们开始有不舒适感
0.15%～0.2%	轻度污染空气	
>0.2%	严重污染空气	
2.0%		保持正常生理活动的极限
3.0%		人体呼吸困难程度加深
4.0%		产生头晕、头痛、耳鸣、眼花、血压上升
8%～10%		呼吸困难、脉搏加快、全身无力、肌肉由抽搐至痉挛、神智由兴奋至丧失
30%		可出现人员窒息死亡

2）一氧化碳（CO）。一氧化碳是公共场所中最常见的有毒气体，主要来自燃料的不完全燃烧和吸烟，工业排放、汽车尾气排放污染外界大气环境，由于不合理的建筑格局和通风系统也可造成公共场所一氧化碳含量过高。尤其是使用煤炉、煤球炉或蜂窝煤炉等做饭取暖的家庭，建筑室内一氧化碳的浓度可达10～20mg/m^3，引起一氧化碳中毒的事例时有发生。一氧化碳可与血液中的血红蛋白（HB）结合，形成碳氧血红蛋白（COHB），阻止氧与血红蛋白结合，从而降低血液输送氧的能力，引起组织缺氧，使

肌体各项代谢发生紊乱。

3）臭氧（O_3）。臭氧产生于电影放映灯和医院紫外线灯、设计不当的负离子发生器和空气净化器及复印机、激光打印机等现代办公用品的操作过程中。环境中的臭氧对人体健康有极大影响。科学研究表明，臭氧浓度在 $4.28mg/m^3$（2ppm）时，短时间接触可出现呼吸道刺激症状、咳嗽、头痛，在此浓度下暴露 2 小时可出现呼吸困难、胸痛，甚至导致短暂性肺功能异常，引起肺部组织损伤。低浓度臭氧长期作用可抑制人体免疫机能。按卫生规范规定，建筑室内臭氧浓度不得超过 $0.12mg/m^3$。

4）微生物。细菌、病毒与空气颗粒物相伴存在，随空气尘量变化而变化。公共场所内，尤其是医院候诊室，可发现大量空气微生物，人员集中，在加湿空调系统通风不良，清扫不彻底时更为明显，见表 5-7。

表 5-7　建筑室内空气中的主要污染物的来源及危害

污染物	主要来源	主要危害
甲醛（HCHO）	建筑材料、建筑室内装饰材料和生活用品及家用燃料和烟叶的不完全燃烧	刺激作用、致敏作用、致突变作用
苯	不完全燃烧、汽车尾气和吸烟	强致癌物
挥发性有机化合物（VOC）	建筑材料、建筑室内装饰材料、生活及办公用品、家用燃料和烟叶的不完全燃烧、人体排泄物、室外的工业废气、汽车尾气和光化学烟雾	臭味不舒适；感觉刺激性
二氧化硫（SO_2）	燃料燃烧，室外大气污染的渗入	有腐蚀作用的窒息性气体，作用于上呼吸道和支气管
氮氧化物（NO_x）	室外机动车、工业排放污染的渗入	对肺组织产生强烈的刺激及腐蚀作用，慢性毒作用
二氧化碳（CO_2）	燃料燃烧，人体呼吸产物等，不完全燃烧等	缺氧，让人困顿疲劳、昏昏欲睡
一氧化碳（CO）	燃烧煤油加热器，或室外污染物的渗入	缺氧，影响脑部活动及意识力
可吸入颗粒物	吸烟、地毯扬尘、衣服、鞋袜、表皮脱落等	使呼吸系统生理功能减退
氡和氡子体	房屋地基及周围土壤逸出的氡，饮用水中的氡，生活用燃料中的氡，建筑材料中镭（Ra）蜕变的氡，室外氡进入建筑室内	致癌
石棉	建筑和保温材料	致癌
臭氧（O_3）	设计不当的负离子发生器和空气净化器及复印机工作等情况	呼吸道刺激
氨	混凝土中的防冻剂等、人体自身的散布	使人出现头晕恶心等症状
微生物	随空气飘尘散布、通过通风、空调系统或某些建筑设备的传播，建筑室内温湿度条件为某些生物提供了繁殖、生存的适宜条件	刺激性、诱发支气管哮喘，急性传染性疾病，过敏性疾病

3. 建筑室内空气污染的控制

对于建筑室内空气污染,既不要麻木不仁,听之任之,也不要大惊小怪,手足无措。实际上,建筑室内环境污染不仅可以预防,而且可以治理。因此要贯彻"预防为主,防治结合"的环境污染治理方针,应从源头做起,即在设计、工艺、材料几个方面加强防范。同时,加强建筑室内通风非常关键,大多数主要污染物质通过改善通风都可以解除。

(1)建筑室内空气中甲醛污染的控制

甲醛在建筑室内的浓度变化,主要与污染源的释放量和释放规律有关,也与使用期限等有关。如甲醛的浓度超标,可以采用以下的方法来治理,以保护人类的健康:

1)对甲醛含量高的装修部分重新处理,可用甲醛封闭剂对未经油漆处理的家具内壁板和人造板进行表面封闭处理;或让人造板表面装饰的油漆涂料充分固化,形成抑制甲醛散发的稳定层。

2)在选购家具时,应选择刺激性气味较小的产品,因为刺激性气味越大,说明甲醛释放量越高。同时,要注意查看家具用的刨花板是否全部封边。有条件的家庭,可将新买的家具空置一段时间再用。如果发现建筑室内甲醛的污染主要是家具造成的,一定要坚决更换。

3)保持建筑室内空气流通。这是清除建筑室内甲醛行之有效的办法,可选用有效的空气换气装置,以较大的通风量形成建筑室内空气负压状态;或者在室外空气好的时候打开窗户通风。这样有利于建筑室内材料中甲醛的散发和排出。

4)装修后的居室不宜立即搬入,而应当有一定的时间让装修材料中的甲醛散发。一般,在加强通风换气的基础上,新房空置2 ~ 6个月后使用比较安全。

5)合理控制调节建筑室内温度和相对湿度,甲醛是一种缓慢挥发性物质,随着温度的升高,挥发得会更快一些。因此,在刚装修过的房间中,采取烘烤的办法,或在建筑室内摆上几盆清水,可以加快装修材料中甲醛的挥发。

6)对于轻微的甲醛污染,可以采用种植花草的办法来治理,吊兰、芦荟、扶郎花和虎尾兰等对甲醛有一定的吸收作用,也可采用活性炭吸附或安装空气净化器来处理。

7)大力推广新一代换气机产品,以加强居室通风换气;大力推广有甲醛处理能力的空气净化器,以提高建筑室内空气品质,降低甲醛的危害。装有浸透高锰酸钾的活性氧化铝的空气净化器对甲醛有很好的净化作用。

(2)建筑室内空气中苯污染的控制

与甲醛污染的治理相同,在建筑室内检测出苯及苯化合物的系列超标后,应马上采取措施进行治理。主要有以下方法:

1)加强通风,选用有效的空气换气装置,以较大的通风量形成建筑室内空气负压状态,或在室外空气好的时候开窗通风,这样就可以尽快把建筑室内空气中的苯排出。

2)对轻度苯污染的房间,可以采用种植花草的办法来治理。一些花草如常春藤、铁树和菊花等可吸收少量的苯和二甲苯。

3）安装带有苯吸附器的空气净化器：一些材料如光催化材料和稀土激活无机净化材料对苯及苯系列物有较强的吸收作用，采用带有此类材料的空气净化器可以较好地治理建筑室内苯的污染。

（3）建筑室内空间中氡污染的控制

经过检测，如果发现建筑室内氡的浓度超过规定的容许浓度，则应采取相应的措施进行治理。具体有以下方法：

1）加强通风，做好建筑室内的通风换气，这是降低建筑室内氡浓度的有效方法，据专家试验，一间氡浓度在 $151Bq/m^3$ 的房间，开窗通风一小时后，建筑室内氡浓度就降为 $48Bq/m^3$。另外，由于氡的相对密度较大，一般都聚集在底部，因此在通风的时候不能只开高处的窗子。

2）提高房屋地面和墙壁的密封程度，尽可能地封闭地面、墙体的缝隙，以降低氡的析出量，地下室和一楼以及建筑室内氡含量比较高的房间更要注意，这种做法可以有效地减少氡的析出。

3）使用防氡涂料，在建筑材料表面刷上防氡涂料，能有效地阻挡氡的逸出，使建筑室内空气中氡的浓度降低，起到防护作用。据介绍，经过检测，该种涂料的防氡效果可以达到降氡 80% 以上。

4）使地基中的氡直接排向室外，住在平房和楼房最底层的居民，可以在居室中间挖一个一立方米的槽，四周砌透气砖，让从土壤中析出的氡气聚集到这个槽内，然后再用一根管子把氡气引向室外。

5）有条件的还可配备有效的建筑室内空气净化器。氡和它的天然衰变物所释放出的伽马射线可以由活性炭吸附。

（4）建筑室内空间中氨污染的控制

当发现建筑室内氨污染超标时，要积极采取措施，尽量减少氨污染带来的危害。具体有以下方法：

1）了解建筑室内氨污染的情况。由于氨气是从墙体中释放出来的，建筑室内主体墙的面积会影响建筑室内氨的含量，所以，不同结构的房间，建筑室内空气中氨污染的程度也不同，居住者应该了解房间里的情况，根据房间污染情况合理安排使用功能。如污染严重的房间尽量不要用做卧室，或者尽量不要让儿童、病人和老人居住。

2）条件允许时，可多开窗通风，以尽量减少建筑室内空气的污染程度。在装有空调的房间内可安装新风换气机，它可以在不影响建筑室内温度和不受室外天气影响的情况下，进行空气的建筑室内外交换。

3）一些建筑室内空气净化器对氨气有一定的吸附效果，有条件的话，可以购买，但应注意一定要进行实地检验，并选用确有效果的品牌，也可以向建筑室内环境专家咨询。

（5）建筑室内空气中可吸入颗粒物污染的控制

1）一般可吸入颗粒物污染的治理。对于颗粒污染物，一、二次扬尘和建筑室内湿度过大是其产生的主要原因。目前人们主要采用避免扬尘、增强过滤、控制湿度等方式以及控制产生源等手段来避免这方面的污染。因此，要特别注意生活炉尘和吸烟的污染，夏季通风要注意有纱窗。建筑室内风速不要过大，保持一定的湿度，搞建筑室内卫生时不要扬尘，不要在建筑室内吸烟。

2）石棉污染的治理。到目前为止，由于石棉引起的疾病尚没有找到良好可治的药物，因此，唯一的方法就是预防，尽可能不要接触石棉制品，或接触时采取有效的保护措施。用于内外墙装饰和建筑室内吊顶的石棉纤维水泥制品，所含的微细石棉纤维（长度大于 $3\mu m$，直径小于 $1\mu m$），若被人吸入后轻者可能引起难以治愈的石棉肺病，重者会引起各种癌症，给患者带来极大的痛苦。为此《建筑室内空气质量卫生规范》规定：建筑室内建筑和装修材料中不得含有石棉。也即在建筑室内不准使用任何含石棉的建筑材料。

3）重金属污染的治理。建筑室内的重金属污染主要是由涂料带来的，因此最佳的治理方法是不要采用含重金属量高的涂料，推荐使用绿色环保标志产品。另外，在建筑室内最好不要吸烟。如家中使用的燃料中含重金属的量较高，则应加强建筑室内的通风，防止燃料中的铅污染建筑室内空气。

5.2.2　建筑室内噪声污染及控制

噪声是使人感到不愉快的声音的总称。人体对噪声的承受能力一般为 50dB。随着噪声声压加大，对人体危害程度也相应加剧，轻者使人心情烦躁，影响人的工作情绪，降低工作效率；重者早晨听觉疲劳甚至受到严重损害。城市噪声污染早已成为城市环境的一大公害。国外早就出现了"噪声病"一词，世界卫生组织最近进行的全世界噪声污染调查认为，噪声污染已经成为影响人们身体健康和生活质量的严重问题（图 5-12）。

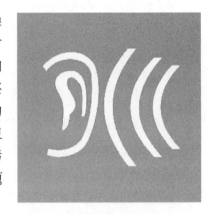

图 5-12　噪声源的标识

1. 建筑室内噪声的来源

家居环境中的噪声污染十分严重，在今天的城市中，噪声可谓无孔不入。近年来城市机动车辆的剧增已成为城市的主要噪声源。来自机动车、飞机、火车等交通工具的噪声是流动的，干扰范围大，而建筑施工现场的噪声污染虽然相对"静止"，但噪声的强度和间歇性更加令人难以忍受。因为建筑施工现场的噪声一般在 90dB 以上，最高达到 130dB。与交通和建筑施工噪声相比，来自建筑室内的生活噪声往往容易被忽略，其实家庭中的电视机、风扇、计算机、洗衣机所产生的噪声往往可达到 50 ~ 70dB，电冰箱为 35 ~ 45dB。此外，家庭中司空见惯的争吵、哭闹、呵斥声也可达到 90dB 以上。

2. 建筑室内噪声的危害

世界卫生组织研究表明，当建筑室内的持续噪声污染超过 30dB 时，人的正常睡眠就会受到干扰，而持续生活在 70dB 以上的噪声环境中，人的听力及身体健康都会受到影响。一般来说，家居环境噪声有多方面的不良后果。诸如建筑室内噪声可以引起耳部的不适，如耳鸣、耳痛、听力损伤。噪声超过 85dB，会使人感到心烦意乱，因而无法专心地工作，结果会导致工作效率降低。噪声会损害心血管，加速心脏衰老，增加心肌梗死发病率。噪声还可以引起如神经系统功能紊乱、精神障碍、内分泌紊乱甚至事故率升高。噪声还干扰人们的休息和睡眠，且对儿童身心健康危害更大。长时间处于噪声环境中的人很容易发生眼疲劳、眼痛、眼花和视物流泪等眼损伤现象。同时，噪声还会使色觉、视野发生异常。

3. 降低建筑室内噪声污染

要降低建筑室内噪声的污染危害，首先要降低建筑室内外噪声源的影响。室外噪声因为来源复杂，每一分改善都需要全社会共同参与，齐抓共管，综合整治。国家对城市声环境的治理已出台多项法律法规，如《中华人民共和国环境噪声污染防治法》《中华人民共和国城市区域噪声标准》等，这些法律法规还是处理协调各种噪声纠纷的重要依据。至于建筑室内噪声的减少，主要依靠生活方式的改进和适当的降噪措施。

一是在建筑室内装修时要考虑降噪，要尽可能采用吸声隔声材料，以降低建筑室内声音的混响时间。

二是在装修中家用电器要选择质量好、噪声小的，尤其是高频立体声音响的音量一定要控制在 70dB 以下。尽量不要把家用电器集于一室，以减轻工作时机器振动。

三是在建筑室内装修中墙壁不宜过于光滑。

四是在建筑室内装修中合理安排避开噪声。

五是在建筑室内装修中应保护孩童听力，少让孩子玩音量高的玩具。

5.2.3　建筑室内电磁辐射污染及控制

1. 电磁辐射污染的特性

电磁辐射污染又称电子雾污染、电磁波污染。高压线、变电站、电台、电视台、雷达站、电磁波发射塔和电子仪器、医疗设备、办公自动化设备以及微波炉、收音机、电视机、计算机、手机等家用电器工作时会产生各种不同波长频率的电磁波。这些电磁波所产生的电磁辐射达到一定程度，会使建筑室内环境质量恶化造成电磁污染。电磁波充斥空间，无色无味无形，可以穿透包括人体在内的多种物质。人体如果长期暴露在超过安全的辐射剂量下，会显著影响人体正常的生理活动。居住建筑室内环境中因为大量使用各种家用电器，经常处在过量电磁辐射下。电磁辐射被认为是继环境空气污染、水污染、噪声污染之后又一重要的污染物，而且是一种"隐形公害"。

2. 电磁辐射的危害

电磁波污染对人体危害的程度与电磁波波长有关。按对人体危害的程度由大到小排列，依次为微波、超短波、短波、中波、长波，既波长越短，危害越大。微波对人体作用最强的原因，一方面是由于其频率高，使机体内分子振荡激烈，摩擦作用强，热效应大；另一方面是微波对机体的危害具有累计性，使伤害不易恢复。

到目前为止，关于电磁辐射对人体危害的研究时间还不长，而且缺乏系统性研究，因此到底电磁有什么样的负面影响以及多高强度的电磁辐射可能对人体带来危害，目前尚无明确的科学定论。但国内外许多学者带有共识性的观点认为，电磁辐射对人体具有潜在危险。近年来，国内外对电磁辐射危害的相关报道不胜枚举，具体危害主要有以下几个方面：

1）医学研究证明，长期处于高强度电磁辐射的环境中，会使血液、淋巴液和细胞原生质发生改变，电磁波污染是造成儿童患白血病的原因之一。

2）电磁辐射污染会影响人体的循环系统、免疫、生殖和代谢功能，严重的还会诱发癌症，并会加速人体的癌细胞增殖。

3）电磁辐射污染对人们的生殖系统产生影响。

4）电磁辐射污染对人们的心血管系统也有影响。

5）电磁辐射污染会导致儿童智力残缺。

6）电磁辐射污染对人们的视觉系统有不良影响。

另外，高强度的电磁辐射还会影响及破坏人体原有的生物电流和生物磁场，使其产生异常。而不同的人或同一个人在不同年龄阶段对电磁辐射的承受能力是不一样的，老人、儿童、孕妇属于对电磁辐射敏感的人群（图5-13）。

3. 电磁辐射污染源

影响人类生活的电磁辐射污染可以分为天然污染源与人为污染源两种。

天然的电磁波污染是由某些自然现象引起的。最常见的是雷电，它除了可以对电器设备、飞机、建筑物等直接造成危害外，还可以在广大地区从几千赫兹到几百兆赫兹的极宽频率范围内产生严重的电

图5-13 建筑室内家电产生的电磁辐射污染

磁波污染。此外，太阳和宇宙的电磁场源的自然辐射，以及火山喷发、地震和太阳黑子活动引起的磁暴等也都会产生电磁波污染。

1）人为的电磁波污染主要有脉冲放电。例如切断大电流电路时产生的火花放电，其瞬时电流变化率很大，会产生很强的电磁波污染。

2）工频交变电磁场。例如在大功率电动机、变压器以及输电线等附近的电磁场，它并不以电磁波形式向外辐射，但在近场区会产生严重的电磁波污染。

3）射频电磁辐射。例如无线电广播、电视、微波通信等各种射频设备的辐射频率范围宽广，影响区域也较大，能危害近场区的工作人员。

目前，射频电磁辐射已经成为电磁波污染的主要因素。在建筑室内家用电器产生的电磁波直接危害人们的健康，给人们的生存环境带来不同程度的污染。部分家用电器的电磁波强度见表 5-8。

表 5-8　家用电器电磁辐射强度（单位：μT）

辐射半径	3cm	30cm	1m
剃须刀	15 ~ 1500	0.08 ~ 9	0.01 ~ 0.3
吸尘器	200 ~ 800	20	0.13 ~ 2
微波炉	75 ~ 200	4 ~ 8	0.25 ~ 0.6
电视机	2.5 ~ 50	0.04 ~ 2	0.01 ~ 0.15
洗衣机	0.8 ~ 50	0.15 ~ 3	0.01 ~ 0.15
电冰箱	0.5 ~ 1.7	0.01 ~ 0.25	< 0.01

4. 建筑室内电磁辐射污染的控制

电磁辐射污染所造成的危害不是一朝一夕就会显现出来，要采取综合的办法予以控制，以降低对人体造成的危害。

1）建筑室内家用电器和办公设备不宜过密。在建筑室内各类家用电器和办公设备不宜过密，不要把家用电器摆放得过于集中，以免使自己暴露在超量辐射的危险之中。特别是一些易产生电磁波的家用电器，如微波炉、电视机、计算机、冰箱等电器更不宜集中摆放在卧室里。

2）使用家用电器和办公设备的时间不宜过长。在建筑室内各种家用电器、移动电话都应尽量避免长时间操作，应尽量避免多种办公和家用电器同时启用。另避免长时间在建筑室内以减少计算机屏幕的电磁辐射。

3）预防手机电磁辐射可能对健康造成的危害。

4）人体与家用电器设备宜保持安全距离，如电视机与人的距离应在 4 ~ 5m，人与日光灯管的距离应在 2 ~ 3m，微波炉在开启之后人要离开至少 1m 远。

5.2.4　建筑室内燃烧污染及控制

1. 燃料燃烧的污染

1）燃料燃烧产物的成分。建筑室内的燃料燃烧产物污染，主要是来自固体燃料（如原煤、焦炭、蜂窝煤、煤球等）、气体燃料（如天然气、煤气、液化石油气等）和生物燃料的燃烧。燃料燃烧产物的污染物一部分来自燃烧物自身所含有的杂质成分，如硫、氟、砷、镉、灰分等；另一部分来自燃烧物制作过程中所使用的化学反应剂；再有一部分污染物是由于燃烧物经过 $250℃$ 以上的高温作用后，发生了复杂的热解和合成反应，产生了很多种有害物质。

燃烧后能够充分氧化的产物称为燃烧完全产物（或称充分燃烧产物），如 SO_2、NO_2、CO_2、As_2O_3、NaF 以及很多无机灰分等。燃烧完全产物不可能再通过充分燃烧来降低它们对环境的污染。在燃烧过程中若未能充分氧化分解成简单的 CO_2 和水汽，则可热解合成多种中间产物，如 CD、SO_X、NO_X、甲醛、多环芳烃类化合物、炭粒等，这类产物称为燃烧不完全产物。

2）燃料燃烧产物对人体健康的危害。燃料燃烧产物是一组成分很复杂的混合性污染物，至今仍然是建筑室内的主要污染物，对建筑室内人群的健康有很大影响。

燃料燃烧产物主要影响呼吸系统、心血管系统、神经系统等，尤其在诱发肺癌方面危害性极大。

2. 烟草燃烧的污染

1）烟草燃烧时放出的烟雾中 92% 为气体，主要有氨、氧、二氧化碳、一氧化碳、挥发性亚硝胺、烃类、氨、挥发性硫化物、酚类等；另外 8% 为颗粒物，主要有烟焦油和烟碱（尼古丁）。

2）烟草燃烧产物对人体健康的危害。烟草燃烧产物对吸烟者和被动吸烟者的身体健康均造成极大的危害。吸烟者吸烟时，大约有 10% 的香烟烟雾进入吸烟者的身体内，经气管、支气管到达肺部，一小部分与唾液一起进入消化道。无论经呼吸道或消化道，进入人体内的有害物质最终均被吸收进入血液循环，引起各系统、组织、器官发生病变。大量的调查研究已证实了吸烟是引起肺癌发病的主要原因。此外，吸烟还可引起喉癌、咽癌、口腔癌、食道癌等。吸烟还是冠心病的三种主要致病因素之一，它还对人的神经系统、生殖系统造成损害。

另研究表明，非吸烟者患肺癌死亡人数的半数以上是因为被动吸烟所致。其主要原因是因为建筑室内吸烟可产生大量的氡，导致被动吸烟者大量吸入氡及其子体，该作用比烟草烟雾中的其他化学化合物的致癌性大得多。

3. 烹调油烟的污染

烹调油烟是指食用油加热后产生的油烟。通常，当炒菜的油的温度在 $250℃$ 以上时，油中的物质就会发生氧化、水解、聚合、裂解等反应，此时烹调油烟就会从沸腾的油中挥发出来。

烹调油烟是发生肺鳞癌和肺腺癌共同的危险因素。研究表明,女性肺癌与油烟暴露有明显的联系,而且,患肺癌的危险性随着油煎或油炸食物的次数增加而增高。研究认为,菜油、豆油含不饱和脂肪酸较多,故具有较高的致突变性;而猪油中含不饱和脂肪酸较少,因此无致突变性。另外由于国内习惯上采用高温油烹调,所以其传统烹调方法对人体健康的影响较大。

4. 燃烧产物及烹调油烟污染的控制

在建筑室内环境中,燃烧产物(包括燃料燃烧和烟草燃烧)污染及烹调油烟污染对人体健康的伤害很大,因此,当建筑室内环境中出现这些危害时,一定要加紧治理。对燃烧产物(包括燃料燃烧和烟草燃烧)污染及烹调油烟污染的治理可以采用减少污染物的排放、加强通风和对空气进行净化等几种方法来处理。具体可采用安装换气扇、抽油烟机,加强厨房与其他房间之间门窗的密封,加强燃气热水器的通风和安装空气净化装置对建筑室内空气进行净化。

5.2.5 建筑室内视觉污染及控制

建筑室内视觉污染是人们容易忽视的问题,一般说来,建筑室内设计不合理,家具摆设不整齐,色彩不协调,房间地面不整洁等,均能造成建筑室内视觉污染。

视觉污染主要是通过影响人的心理起不良作用的。它可能使人体心理、生理状态失去平衡,从而影响健康。建筑室内环境中摆满东西,使建筑室内空间狭小,就会给人一种压抑和烦闷感;屋内门窗、墙壁、地板等颜色鲜艳繁杂会使人感到杂乱无章,烦躁不安;地面杂物乱放,肮脏不整洁,墙壁上字画、照片随处张挂,就会使人易激动、易发怒,影响休息和食欲。以上种种视觉污染,还可引起记忆力减退、机体免疫功能降低、情绪不稳,并容易导致多种疾病的发生和机体内脏器官机能早衰。同样,不合理的镜面布置会造成对太阳光的强烈反射以及照明灯的明暗强烈反差,容易造成对眼睛的过度刺激,也是视觉污染的表现形式。因此,对建筑室内视觉污染与控制,需注意建筑室内环境布置应合理,空间宜明亮宽敞,家具宜适当,以使其内的人们能够获得赏心悦目、安静舒适、充满乐趣、健康长寿的空间场所。建筑室内灯光以满足人体生理和心理要求为前提,除做到节能外,适当加强局部照明,使之与家具及建筑室内陈设统一和谐,如客厅的灯光宜明亮、卧室的灯光宜柔和等(图 5-14)。采光、布灯、

图 5-14 室内设计中应处理好光照与空间的和谐关系

色彩追求和谐，力求感官舒适。不搞过度装饰，不搞病态空间，减少视觉污染。

5.3 绿色建筑室内有害物质的检测方法

5.3.1 建筑室内有害物质检测方法

为了了解和评价建筑室内人群接触有害物质的情况和受危害程度，就需要了解以下问题：

空气中是否存在有害物质？

有哪些有害物质？

有害物质的浓度有多大，是否超过卫生标准，对健康是否有害？

接触人群是否有异样的不良的感觉、反应或症状，是否与有害物质的存在有关？

通过建筑室内空气中有害物质的检测，知道建筑室内空气中是否存在有害物质，存在哪种或哪些有害物质，它们的浓度有多高，就可以用有关的卫生标准进行安全性评价，即评价居室人群的接触有害物质的情况和受危害的程度。

建筑室内有害物质的检测方法包括空气质量检测和生物材料检测。

1. 空气质量检测

空气质量检测是通过检测空气中有害物质的浓度，来评价居室卫生状况和人群接触有害物质情况及对健康的可能危害程度。空气质量检测仅反映居室空气中有害物质的状况，不能准确反映每个人的实际接触情况。因为每个人的生活习惯、活动状况和身体状态不同，接触空气中有害物质的程度也有所不同。因此，空气检测能够告诉你居室空气中是否存在有害物质，是哪种或哪些有害物质，浓度有多大，是否可能超过卫生标准，是否对你的健康可能造成危害。如果有害物质浓度超过卫生标准，就有可能对你的健康造成危害，有害物质的浓度越高，对健康的危害可能性越大，但不能确切告诉你对健康一定造成了危害。

2. 生物材料检测

生物材料检测是通过检测人体生物材料中的有害物质，并检测这些有害物质的代谢物的含量或由其导致的无害性生化效应的水平，以评价人群接触有害物质的程度及对健康危害的可能影响。生物材料包括尿、血、呼出气、毛发、指甲等。评价指标是接触生物限值（图 5-15）。

图 5-15　生物材料检测

生物材料检测具有如下优缺点：

1）适用于评价个体接触剂量。因为检测的是机体内存在的有害物质的量，可以比空气检测更确切地反映人体接触有害物质的情况和健康受危害的程度。

2）能反映个体接触有害物质程度的差异。

3）测定生物材料中有害物质的含量，能反映经各种途径进入人体的总剂量，但不能指明是从室内空气摄入的还是由其他途径进入的。

4）适用范围较小，与空气监测相比，可检测的有害物质少。

5）操作较难、较慢。

6）结果解释需慎重，因为检测结果是机体内的剂量，不能确切地表明有害物质是从哪个途径进入机体的，需要排除如职业接触及饮食、嗜好等方面的来源。

3. 空气质量检测与生物材料检测的关系

1）生物材料检测弥补了空气质量检测在个体接触剂量评价中的不足，而空气检测解决了机体内的有害物质是否来源于居室空气。

2）生物材料检测指标的确定，离不开空气检测。

3）圆满的卫生评价需要空气检测和生物材料检测的结合。

5.3.2　建筑室内有害物质空气质量检测方法

室内有害物质的空气质量检测方法通常可以有三种：一为主观感知；二为现场快速检测；三为实验室检测。

1. 主观感知

即是指建筑室内人群自我检测的一种方法，凭借自我感觉和来自各种传媒的报道即可判断或怀疑建筑室内空气中是否存在有害物质，这是一种最直接的、简便的、经济的方法。许多有害物质具有气味或刺激性，如甲醛有福尔马林的气味和刺激性，氨有氨臭气味，苯及其同系物有芳香气味等，接触人群通常能感知得到。在清洁卫生的居住建筑室内不应有任何异样的气味，如果进入室内就能感知到异样的气味，即应引起注意，怀疑其室内是否存在有害物质；还可根据气味的严重程度，估计空气中有害物质的浓度高低。另一方面，在含有有害物质的建筑室内生活，人群可能会产生某种程度的不适感觉或症状，也应该结合居住建筑室内卫生状况，怀疑建筑室内是否存在有害物质。

主观感知方法仅为初步的，不准确也不精确，因为一些有害物质是不能被感知的，它们没有气味或其他可感知的性状，如一氧化碳、二氧化碳、放射性物质等都没有气味或刺激性。在空气中有害物质浓度低的情况下，即使有气味或刺激性，由于个体差异，每个人对气味和刺激性的感知程度与敏感程度有很大差异，一些人不一定能感知得到。自我感知是不能对空气中存在的有害物质进行准确的定性和定量的。因此，当主观感知有害物质存在的可能性时，应该请专业检测机构做进一步的检测，以确定是否存在有害物质及其浓度，是否会对人体健康造成危害。

2. 现场检测

通常是在建筑室内环境进行实时检测，即在短时间内得知空气中是否存在有害物质及有害物质的浓度高低，也可在较长时间内进行检测。这些方法要求检测仪器有较高的灵敏度，采集空气样品量少，具有一定的准确度，操作简便，使用的仪器便于携带。当然，检测有时受化学反应本身条件的限制，不能完全达到快速、灵敏和准确的要求，但是，只要反应快速，灵敏度和准确度稍差些，仍有实用意义（图 5-16）。

图 5-16　建筑室内空气质量的现场检测

现场检测方法还有一种是用于连续检测空气中有害物质的浓度，有时还有报警作用，即当空气中浓度超过卫生标准时，可以发出警报，以便立即采取措施，降低空气中有害物质的浓度。具体方法有检气管法、气体测定仪检测法、试纸法及溶液快速检测法等，其中溶液快速检测法一般比试纸法要灵敏和准确，但仪器的携带和操作较不便。

3. 机构检测

即是指将空气样品采集后，在实验机构进行建筑室内空气质量的检测方法。特点是检测具有灵敏、准确和精度高等优点，只是检测时间较长。经各自国家认证过的实验机构，采用各自国家制定的标准进行的检测，其检测结果准确可靠，具有法律效力（图 5-17）。

图 5-17　各国家认证过的实验机构及证书

（1）建筑室内污染物的采样

实验机构检测首先需要采集建筑室内的空气样品，因此，空气采样技术是实验室检测十分重要的部分。能否正确地采集空气中的有害物质，决定了检测结果的代表性、准确性和可靠性。三种形态的物质在空气中通常以气体、蒸气和气溶胶三种状态存在，气溶胶包括粉尘、烟和雾。在居室空气中，通常以气体和蒸气状态存在的有害物质为主，例如一氧化碳、二氧化碳、二氧化硫、苯等；也有以灰尘或烟雾状态存在的有害物质，如铅尘、镉尘、多环芳烃类化合物等。采样方法与有害物质在空气中的存在状态有密切关系，不同的存在状态需要采用不同的采样方法。气体和蒸气状态是以物质分子状态存在于空气中，常用的采样方法有固体吸附剂管采样法、无泵型采样（检测）器采样法、吸收管采样法、容器（如注射器和采气袋等）采样法等。粉尘、烟和雾等气溶胶样品常用滤料采样法和冲击式吸收管采样法等。在有些情况下，有害物质可以蒸气态和气溶胶共同存在于空气中，这时应将两种状态的有害物质都采集下来，可用的采样方法有浸渍滤料采样法、冲击式吸收管采样法和串联采样法等，其空气采样方法有注射器法、采气袋法、吸收液法、固体吸附剂管法、无泵型采样器法与滤料采集法等形式。

（2）采样点的设置

建筑室内环境检测的采样点的数量根据建筑室内面积大小和现场情况而确定，以能正确反映建筑室内空气污染物的水平。一般 $50m^2$ 以下的房间设 1 ~ 3 个点，50 ~ $100m^2$ 的房间设 3 ~ 5 个点，$100m^2$ 以上的房间至少设 5 个点。另采样点的高度原则上应与人的呼吸带高度相一致，即相对高度为 0.8 ~ 1.5m。

（3）采样时间和频率

评价建筑室内空气质量对人体健康影响时，应在人们正常活动情况下采样，至少监测一天，一天两次（早晨和傍晚各一次），早晨采样时不能开门窗。另每次平行采样的样品的相对误差不能超过 20%。

检测游离甲醛、苯、氨和总挥发性有机物浓度时，对采用集中空调的装修工程，应在空调正常运转的条件下进行；对采用自然通风的装修工程，检测应在房间的对外门窗关闭 1h 以后进行。对于建筑室内氨浓度的检测，则应在对外的门窗关闭 24h 以后进行。

5.3.3 建筑室内有害物质生物材料检测方法

1. 生物样品的采集

（1）样品选择

根据检测的目的和有害物质的性质及其在机体内的代谢情况，选定所需的样品。目前应用最多的生物材料为血、尿和呼出气，头发用于某些元素（如砷、铅等）的测定。

（2）采样技术

不同的生物材料采用不同的采集和保存方法，与通常医疗用样品采集基本相同，应特别注意的是防止样品的污染，尤其是检测金属有害物质时。应注意准确选择样品采集的部位和时间，严格遵守保存条件和保存时间的要求，防止样品变质和待测物发生变化（包括性质和浓度的变化）。应特别指出的是生物样品的采集时间十分重要，一般是在机体内有害物质浓度最高或较高时采样，既有利于检测，又能正确反映机体接触的剂量。

2. 生物检测指标的选择

生物检测包括以下指标：

1）有害物质原形（血铅、尿镉、呼出气中丙酮等）。

2）有害物质代谢物（尿酚、马尿酸等）。

3）有害物质所致的生化效应指标（血锌原卟啉、血胆碱酯酶活性）。

理想的生物检测，指标应具有特异性；有剂量——效应/反应关系；有一定灵敏度及准确度的检测方法；稳定性能满足样品运输和检测的需要；便于取材，不造成受检者的伤害。某些特异性差，而有剂量——效应/反应关系的指标也可选用，但要有特异性指标与其联用。

生物检测指标的选择要在了解有害物质的理化性质，了解有害物质在体内的吸收、分布和代谢，毒代动力学等知识的基础上，通过空气检测和生物材料的检测才能实现。

3. 接触生物限值

与空气检测的卫生标准一样，生物限值是用来评价生物检测的标准。生物检测的结果等于或低于生物限值时，对大多数人来说是安全的，但不能保证所有人都安全。超过生物限值时，就有可能引起对健康的危害，但并非所有人健康受到危害。因为生物限值与空气检测的卫生标准一样，是对群体而言的。我国以《中华人民共和国卫生行业标准》批准发布生物限值的有害物质有一氧化碳、铅、镉、有机磷农药、甲苯和三氯乙烯。

5.3.4　检测技术及注意事项

1. 检测技术

建筑室内空气质量检测中的实验机构检测和生物样品检测，采集的样品通常要在实验机构中进行处理和测定。实验机构有比采样现场好的实验环境和测定条件，因此，测定结果的准确度、精密度和可靠性都能得到保证。

用于实验机构的检测技术很多，目前应用得最多的方法是分光光度法和气相色谱法。前者有分子光谱法和原子光谱法，后者有气相色谱法和液相色谱法。分子光谱法、气相色谱法和液相色谱法主要用于无机和有机化合物的测定，原子光谱法主要用于金属及其化合物的测定。随着分析仪器的现代化，这些检测技术的灵敏度、精密度和可靠性都不断提高，操作不断向自动化、网络化发展，更为简便快速，大大缩短了样品测定的时间（图5-18）。

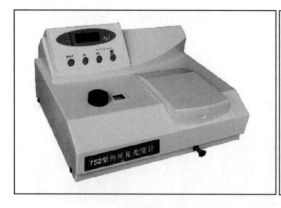

图 5-18　建筑室内空气质量检测中的分光光度法测定仪与气相色谱法测定仪

（1）分光光度法

分光光度法又称为比色法，它先把显色试剂加入到被测的试样中，使试样发生显色反应，产生颜色的深浅与被分析物的离子浓度成正比，再用分光光度计显示颜色深浅的程度。

分光光度计由光源、分光、分度三个主要部分组成，根据吸收光谱波段的不同，可分为可见光分光光度法、紫外线分光光度法和红外线分光光度法。

（2）气相色谱法

气相色谱法是将氦或氖等气体作为载气（称为移动相），将混合物样品注入装有填充剂（称为固定相）的色谱柱里进行分离的一种方法。分离后的各组分经检测器变为电信号并用记录仪记录下来。与其他分析方法相比，气相色谱法的优点是：应用范围广，能分析气体、固体和液体；灵敏度高，可测定痕量物质（$10^{-10} \sim 10^{-13}$g），可进行 ppm 级的定量分析，进样量可在 1mg 以下；分析速度快，仅用几分钟至几十分钟就可以完成一次分析，操作简单；选择性高，可分离性能相近物质和多组分混合物。

2. 检测注意事项

对建筑室内空气中有害物质的允许浓度比工作场所的低，要求使用的检测方法有足够的灵敏度，能够检出低于允许浓度的有害物质。由于在建筑室内生活活动时间长，即接触有害物质的时间长，而室内空气中的有害物质浓度有可能每时每刻在变动中，因此，要求检测方法最好是长时间检测，即连续检测 8h 以上，甚至 24h 连续检测，这样能更好地了解空气中有害物质的浓度，做出更正确的卫生评价。建筑室内空气中有毒物质种类较多，要求采样方法和检测方法具有好的采样性能、分离性能和检测性能。

检测结果的准确与否，不仅与所用的检测方法有关，而且与空气样品的采集有着密切的关系，不同的有害物质需要不同的采样方法和采样时机，使用何种采样方法，什么时候、在什么情况下采样必须在了解有害物质的理化性质基础上，根据居室环境条件，选择合适的采样方法和采样时机。另外，采样持续时间也要根据空气中有害物质的浓度而定，在低浓度情况下，需要较长的采样持续时间，才能满足检测方法灵敏度的要求。在高浓度情况下，采样持续时间要相应缩短。因为，无泵型采样器和固体吸附剂管都有一定的吸附容量。

5.3.5 建筑室内常见污染物的检测

针对建筑室内环境的检测项目主要包括甲醛浓度测定、氡浓度测定、苯测定、细菌总数测定、可吸入颗粒物浓度测定等，其检测治理过程如图 5-19 所示。

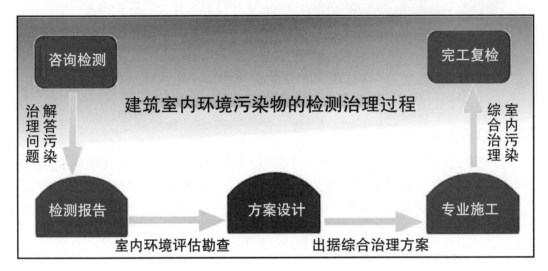

图 5-19　建筑室内环境污染物的检测治理过程

1. 建筑室内空气中甲醛的检测

目前，建筑室内空气中甲醛浓度的测量一般采用以下几种方法：气相色谱法、酚试剂分光光度法、乙酰丙酮分光光度法、定电位电解法。

1）气相色谱法。即用采样器在建筑室内采取空气试样若干份，然后进行气相色谱分析，根据给出的曲线，再对照事先标定过的标准图谱，推算出被测空气中的甲醛浓度。

2）酚试剂分光光度法。甲醛与酚试剂发生反应生成嗪，在高铁离子存在下，嗪与酚试剂的氧化产物反应生成蓝绿色化合物，根据颜色深浅，用分光光度法测定。

3）乙酰丙酮分光光度法。用取样器在一定时间内连续抽取建筑室内的空气，并使空气通入气洗瓶的蒸馏水中，由于甲醛特别易溶于水，故空气通过蒸馏水时其中的甲醛就被转移至水中了。然后用光度分析法确定吸收液的消光值，再对照标定曲线求出空气中的甲醛浓度。

4）定电位电解法。含甲醛的空气扩散流经传感器，进入电解槽，被电解液吸收，在恒电位工作电极上发生氧化反应并生成相对应的扩散电流。通过测量电极间的电流强度就可以测定样品中甲醛的浓度。

建筑室内空气中甲醛浓度的测试应当注意以下几点：

1）测点位置要分布均匀合理，注意接近甲醛散发源中心和建筑室内空气不流动死角处的甲醛散发特征。

2）空气取样要有一定的重复数，以其平均值作为测试结果的代表值。

3）要区分动态测量（即建筑室内空气流通）和静态测量（即建筑室内空气不流通）两种情况。

2. 建筑室内空气中苯的检测

（1）气相色谱法

对苯的测量一般采用毛细管气相色谱法。其原理为采用活性炭管先对空气中的苯进行采集，然后用二硫化碳提取出来，最后用氢火焰离子化检测器的气相色谱仪进行分析。当采样的量为 10L 时，苯浓度的测定范围为 $0.1 \sim 10mg/m^3$。

（2）光离子化检测法

光离子化检测法采用光离子化检测器进行检测。光离子化检测器以无极放电灯作为光源，这种高能紫外辐射可使空气中大多数有机物和部分无机物电离，但仍保持空气中的基本成分如氮气、氧气、二氧化碳、水不被电离，被测物质的成分由色谱柱分离进入离子化室，经紫外无极放电灯照射电离，然后测量离子电流的大小，就可知道物质的含量。

3. 氡污染的检测

氡是一种放射性气体，因此，对其进行检测的基本原理就是基于射线与物质间相互作用所产生的各种效应，包括电离、发光、热效应、化学效应和能产生次级粒子的核反应等。

氡污染的检测方法具体包括径迹蚀刻法、活性炭盒法、双滤膜法和气球法等。而氡的检测设备最常用的检测器有三类，即电离型检测器、闪烁检测器和半导体检测器。其中电离型检测器有电流电离室、正比计数管和盖革计数管（GM 管）三种；闪烁检测器是利用射线与物质作用发生闪光的仪器；半导体检测器的工作原理与电离型检测器相似，但其检测元件是固态半导体。

氡污染需优先检测的地方如下：

1）在含铀、镭量高的地层（如富铀花岗石、矾页岩、磷酸盐地层）或地质断裂上修建的房屋。

2）在含镭量高的矿渣、煤渣或其他不符合建材放射性标准的材料修建或装修的房间。

3）通风不良的场所，像采用中央空调换气的全封闭式写字楼、饭店、银行、图书馆等场所。

4）用作宿舍、招待所、办公室等需要长时间停留的地下建筑物。

5）已知或怀疑建筑室内（伽马）辐射高的房间。

6）天然放射性本地水平较高地区的房间。

7）长期使用地热水或地下水的房间。

4. 可吸入颗粒物的测量

常用的可吸入颗粒物的检测方法有两种。一是大量采集空气样本后称重计量法。该方法由于采样时间长，仪器噪声大，在公共场所具体测定困难较多，不便普遍推广。另一种方法是使用粒子计数器，以粒子数多少来评价空气卫生质量的高低。当每立方厘米中的粒子数少于100个时为清洁空气，每立方厘米中的粒子数多于500个时为污染空气。

5. 挥发性有机物的检测

到目前为止，建筑室内空气中检测出的VOCs已达到300多种，且它们各自的浓度都不高，因此，对VOCs一般不分开单个测量，通常只检测其总量（TVOC）。

由于对建筑室内TVOC的检测刚刚起步，因此目前采用的检测方法一般比较烦琐，但随着科学技术的不断发展，新技术、新仪器的不断涌现，TVOC的检测会更加简便。下面是目前在VOCs检测中常用的一些方法：

1）吸收加化学分析法：作为国家标准方法，该方法具有不可辩驳的可信性和仲裁权威，但其操作烦琐，且测定结果速度较慢。

2）气相色谱或质谱分析：气相色谱和质谱可以给出VOCs中各个组分的种类和浓度，结果可靠准确。其缺点为采样和检测过程复杂。同时，由于采用"点"的采样方法，一次只能给出一个点的瞬时值而不是一个连续值，这样，由于空气流动和气体分布的变化，就无法给出一个平均的浓度值，数据代表性较差。

6. 细菌总数的检测

建筑室内空气中细菌总数的检测采用撞击法进行。撞击法是采用撞击式空气微生物采样器采样，通过抽气的动力作用，空气通过狭缝或小孔后产生高速气流，这就使得悬浮在空气中的带菌粒子撞击到营养琼脂平板上。在37℃的温度下，对营养琼脂进行48h的培养，再根据采样器的流量和采样时间，即可计算出建筑室内每立方米空气中所含的细菌菌落总数。

以上就是建筑室内空气中常见污染物的主要检测方法，见表5-9。

表 5-9　建筑室内空气中各种化学污染物的主要检测方法

序号	污染物	主要检测方法
1	二氧化硫	甲醛溶液吸收——盐酸副玫瑰苯胺分光光度法；紫外荧光法
2	二氧化氮	改进的 Saltzman 法；化学发光法
3	一氧化碳	不分光红外线气体分析法；气相色谱法；汞置换法
4	二氧化碳	不分光红外线气体分析法；气相色谱法；容量滴定法
5	氨	靛酚蓝分光光度法；纳氏试剂分光光度法；检测管法
6	臭氧	紫外光度法；靛蓝二磺酸钠分光光度法；化学发光法
7	甲醛	乙酰丙酮分光光度法；酚试剂分光光度法；气相色谱法；定电位电解法
8	苯	气相色谱法；光离子化检测法
9	苯并［a］芘	高效液相色谱法
10	可吸入颗粒物	称重计量法；粒子计数器法
11	氮氧化物	盐酸萘乙二胺分光光度法

第6章 绿色建筑室内环境的评价系统

绿色建筑设计评价是随着人们对绿色建筑认识的不断加深而提出的，是绿色建筑从哲学理念进入操作层面的重要环节。其一，如果没有绿色建筑设计评价标准，绿色建筑的设计理念就只能停留在定义上，既无法给出科学的界定，也无法指导实际操作。其二，绿色建筑设计必然涉及创作方案的提出、制定、论证与评估等问题，尤其要对设计方案是否满足绿色建筑的需要做出判断。其三，从系统的角度来看，绿色建筑设计评价标准是进行绿色建筑管理、控制和设计的基础。为此，建立因地制宜、客观、可被量化评估的绿色建筑设计评价标准，有利于促进绿色建筑设计的创作实践和应用推广。

6.1 绿色建筑设计评价的意义

绿色建筑设计评价是一套明确的评价及认证系统，通过一定的标准来衡量建筑在整个生命周期内所达到的"绿色"程度，同时通过确立一系列的指标体系，对绿色建筑的规划设计、施工建设和使用管理等整体过程进行系统化、模型化和定量化的分析，并全面考虑全球环境系统、城市空间、建筑形态、基础设施、建造过程、使用方式、建筑材料以及室内环境等方面的绿色问题，是建筑、人和环境关系认识的新境界。绿色建筑设计评价标准不仅指导检验绿色建筑实践，同时也为建设市场提供制约和规范，引导建筑向节能、环保、健康舒适、讲求效益的轨道发展。

进行绿色建筑设计评价是一项高度复杂的系统工程，除了生态环境方面的内容，还涉及社会经济、历史文化以及意识形态（如景观、审美）的内容，且人工环境的营造对生态环境的作用可以从不同层面划分为全球、地区、社区以及室内的环境影响（图6-1）。利用建筑评价标准，能够确保绿色建筑设计的顺利实施，主要表现在以下三个方面：

图 6-1　我国绿色建筑设计标识

1）为绿色建筑设计建立普遍的标准和目标。

2）为决策部门提供考评的方法，以提高对建筑可持续发展的管理水平。

3）绿色建筑设计评价标准作为一种评估形式，其指标系统还可为建筑开发商和公众提供明确的技术性指导意见，因而也具有提高全社会环境生态意识，提倡绿色建筑设计，促进建筑市场绿色管理的水平，具有现实意义与应用价值。

6.1.1　绿色建筑设计评价标准的构建

绿色建筑设计评价标准的构建是进行绿色生态建筑及室内设计评价系统建设的根本，世界各个国家和地区都在积极研究、探索和实践着不同的绿色生态建筑评价标准。

1. 国外绿色建筑设计的评价标准

国外绿色建筑设计的评价标准依据用途的不同主要分为三类：一是对建筑材料和构配件的绿色性能进行评价的标准，以美国 BEES（Building for Environmental and Economic Sustainability）和加拿大 Athena 为代表；二是对建筑某一方面的性能进行绿色评价的标准，以 EnergyPlus、Energy 10 和 Radiance 为代表；三是对绿色建筑性能进行综合评价的标准，以英国的 BREEAM、美国的 LEED、日本的 CASBEE 和加拿大的 GBTool 为代表。

（1）英国的 BREEAM 评价标准

"建筑研究所环境评估法"（Building Research Establishment Environmental Assessment Method）20 世纪 90 年代初由英国建筑研究所开发，它是世界第一个绿色建筑评价标准，其目的是提供绿色建筑实践的指导，减少建筑建造和使用过程中对全球气候和环境的影响，给人们提供一个舒适、健康的生存环境。近年来英国的 BREEAM 评价标准每年都在修订，不断完善、调整，使其逐渐成为世界上最为先进的绿色建筑评价标准之一。

英国的 BREEAM 评价标准的组成内容包括管理、能源、健康舒适性、交通、水、材料、废料、土地利用与生态、污染、创新。BREEAM 标准的评估结果包括未分类、通过、好、很好、优秀、杰出六个等级。

（2）美国 LEED 评价标准

美国能源及环境设计先导计划（Leadership in Energy&Environmental Design），是当前世界各国建筑环保评价标准中最完善、最有影响力的（图 6-2）。LEED 评价标准由新建、既有、商用建筑整体、商用建筑内部、其他等五方面的认证指标构成，包括可持续场地、水资源有效利用、能源与大气环境、材料和资源、室内环境质量、创新设计六部分，在评价的时候要根据六个方面进行综合考察，并对其打分。按得分情况，将通过评估的建筑分为铂金、金、银和认证四个级别。运用 LEED 评价标准进行绿色建筑设计评估，可持续场地、用水效率、能源与环境材料与资料、室内环境质量和创新设计是评估的前提。其后还设有一个创新分，主要是奖励绿色建筑设计项目采取的技术措施所达到的效果非常明显，超过了 LEED 评估体系中某些评估要点的要求，对后期绿色建筑的发展具有示范效果；另一种情况是项目中采取的技术措施在 LEED 评估体系中没有提及，但在环保节能领域取得了一些显著成效。

图 6-2　美国 LEED 绿色建筑评价标准

如今，LEED 评价标准不但在国际上得到了广泛的认同，也对我国产生影响。地处广东深圳的万科总部大楼，即万科中心于 2010 年 8 月获得 LEED 铂金认证，该建筑是国内首座获得美国 LEED 铂金认证的项目。

（3）日本 CASBEE 评价标准

CASBEE（Comprehensive Assessment System for Building Environmental Efficiency）全称为"建筑物综合环境性能评价体系"，是在日本国土交通省支持下，由企业、政府、学术界联合组成的"日本可持续建筑协会"合作研究的成果。CASBEE 的评价对象包括新建建筑、既有建筑、短期使用建筑、改修建筑和热岛现象对策等，其用于街区的环境评价工具正在开发之中。CASBEE 的评价内容包括能量消费、资源再利用、当地环境、室内环境四个方面，共计 93 个子项目。为了便于评估，CASBEE 将这些子项目进行分类重组，划分到 Q 和 L 两大类中。其中 Q 包括室内环境、服务质量、室外环境（建筑用地内）三个子项目，L 包括能源、资源与材料、建筑用地外环境三个子项目。CASBEE 对每一个子项目都规定了详尽的评价标准，便于评价人员快速、准确地获得评价结果，也为建筑设计、施工阶段进行自评提供了指引。

CASBEE 是国际绿色建筑评价体系家族中的后起之秀，2005 年在日本东京举行的世界可持续建筑大会（SBOS）上，CASBEE 吸引了与会专家的高度重视并获得了很高评价。

（4）澳大利亚 ABGRS 评价标准

ABGRS（Australian Building Greenhouse Rating Scheme）评价标准是由澳大利亚新南威尔士州的 SEDA（Sustainable Energy Development Authority）发布，它是澳大利亚国内第一个较全面的绿色建筑评估体系，主要针对建筑能耗及温室气体排放做评估，它通过参评建筑打星值，从而评定其对环境影响的等级。

ABGRS 评估是澳大利亚第一个对商业性建筑温室气体排放和能源消耗水平的评价，它通过对建筑本身的能源消耗的控制，来缓解温室气体排放量。这个评估体系开始是由可持续能源部和一些建筑领域、开发领域的专业人士共同开发、管理的，现在是作为整个澳大利亚政府对能源有效利用法案的组成部分，适用于澳大利亚所有的商业性建筑。从 2008 年起，ABGRS 评估与 NABERS 评估体系结合，作为其能源评估的部分，更名为 NABERS Energy。

此外，还有由加拿大自然资源部发起，于 1998 年 10 月在加拿大的温哥华召开了以加拿大、美国、英国等 14 个西方主要工业国共同参与的绿色建筑国际会议——"绿色建筑挑战 98"（Green Building Challenge 98）。会议的中心议题是通过广泛交流此前各参与国的相关研究资料，发展一个能得到国际广泛认可的通用绿色建筑评估框架，以便能对现有的不同建筑环境性能评价方法进行比较。

考虑到不同国家地区间的差异，GBC 评价标准允许各国专家小组根据各地区实际情况自定义具体的评价内容、评价基准和权重系数。通过这种灵活调节，各国可通过改编而拥有自己国家或地区版的评价工具——GBTool。因此,通用性与灵活性的良好结合,成为 GBTool 的最大特色。

2002 年 9 月在挪威召开了 GBC' 2002,我国参加,在先前研究基础上产生的更新成果 GBTool' 2002 在此次会议上得到介绍。在 GBC 的发展过程中,各参与国都选择了一些建筑项目参加 GBTool 工具的试评估,其评估结果在各次会议上进行相互交流。这种国际性的绿色建筑试验成为 GBC 最大特色之一。不但有利于 GBTool 的不断改进,也大大促进了世界绿色建筑实践与研究的深入,这是其他商业评价标准难以做到的。

2. 国内绿色建筑评价的标准

随着绿色建筑在我国兴起,我国也逐步开始绿色建筑标准化的建构工作,一系列的国家和行业绿色建筑标准相继编制出台或发布实施。如建设部住宅产业化促进中心于 2001 年制定的《绿色生态住宅小区建设要点与技术导则》《国家康居示范工程建设技术要点》(试行稿),以及《中国生态住宅技术评估手册》《商品住宅性能评定方法和指标体系》和《上海市生态型住宅小区技术实施细则》陆续推出。由清华大学、中国建筑科学研究院等单位于 2003 年 8 月联合推出的《绿色奥运建筑评估体系》,是国内首个真正意义上的绿色建筑评估体系,也是我国第一个为北京奥运场馆建设量身打造的"绿标"。

2006 年发布的《绿色建筑评价标准》(GB 50378—2006),为国内第一个关于绿色建筑综合评价的国家标准。这个标准适用于对既有住宅建筑和公共建筑中的办公建筑、商场建筑和旅馆建筑进行评价。对新建、扩建与改建的住宅建筑和公共建筑中的办公建筑、商场建筑和旅馆建筑的评价则在交付业主使用一年后展开。

《绿色建筑评价标准》明确提出了绿色建筑"四节——环保"的概念,即在建筑的全生命周期内最大限度地节约资源(节能、节地、节水、节材)及保护环境和减少污染,为人们提供健康、适用和高效的使用空间,及与自然和谐共生的建筑。评价指标体系包括以下六大指标:节地与室外环境、节能与能源利用、节水与水资源利用、节材与材料资源利用、室内环境质量、运营管理(住宅建筑),具体指标分为控制项、一般项和优选项三类。这六大类指标涵盖了绿色建筑的基本要素,包含了建筑物全寿命周期内的规划设计、施工、运营管理及回收各阶段的评定指标及其子系统。在评价一个建筑是否为绿色建筑的时候,首要条件是该建筑应全部满足标准中有关住宅建筑或公共建筑中控制项的要求,满足控制项要求后,再按照满足一般项数和优选项数的程度进行评分,从而将绿色建筑划分为三个等级。

2007 年建设部科技发展促进中心和依柯尔绿色建筑研究中心组织编写《绿色建筑评价技术细则》并公布,以更好地推广《绿色建筑评价标准》;2008 年 8 月,根据《绿色建筑评价标识管理办法(试行)》(建科 [2007]206 号)、《绿色建筑评价标准》(GB 50378—2006)、《绿色建筑评价技术细则》(试行)(建科 [2007]205 号)和《绿色建筑评价技术细则补充说明(规划设计部分)》(建科 [2008]113 号),由住房和城乡建设部建筑节能与科技司公布了首批获得行业主管部门认可的"绿色建筑设计评价标识"工程，首批有上海市建筑科学研究院绿色建筑工程研究中心办公楼工程工程获"绿色建筑设计评价标识"，标志着国内绿色建筑评价体系进入了规范化和实际应用阶段。2010年8月发布的《绿色工业建筑评价导则》，将绿色建筑的标识评价工作进一步拓展到了工业建筑领域，标志着我国绿色建筑评价工作正式走向细分化。在此期间，《绿色建筑评价标准》（GB 50378—2006）被多次修订，自 2019 年 8 月 1 日起实施编号为 GB/T 50378—2019 的新版《绿色建筑评价标准》的国家标准，原有各版《绿色建筑评价标准》被同时废止（图 6-3）。

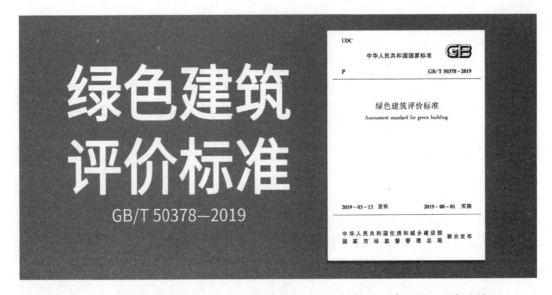

图 6-3　《绿色建筑评价标准》（GB/T 50378—2019）自 2019 年 8 月 1 日起实施

修订的《绿色建筑评价标准》（GB/T 50378—2019）有 13 处变化，即：重新定义了"绿色建筑"；评价技术指标重视"以人为本"；拓展"绿色建材"的内涵；评价方式和阶段有了变化；原有星级划分中新增了"基础级"；明确了一二三星需全装修；增加对不同星级的强制性技术要求；采用 SI 体系提高材料的耐久性；室内空气品质的评分项变重；停车场充电设施应成为标配；推动土建装修一体化，工业化内装部品应用；新增绿色金融的说明；BIM 技术大应用评价总分值提高至 15 分。

《绿色建筑评价标准》（GB/T 50378—2019）关注建筑的全生命周期，希望能在规划设计阶段充分考虑并利用环境因素，而且确保施工过程中对环境的影响最低，运营阶段能为人们提供健康、舒适、低消耗、无害的活动空间，拆除后又对环境危害降到最低。在满足建筑的使用功能和节约资源、环境保护之间的关系时，不提倡为达到单项指标而过多地增加消耗，同时也不提倡为减少资源消耗而降低建筑的功能要求和适用性。强调将节能、节地、节水、节材、保护环境五者之间的矛盾放在建筑全生命周期内统筹考虑与正确处理，同时还应重视信息技术、智能技术和绿色建筑的新技术、新产品、新材料与新工艺的应用。对绿色建筑进行评价的机构，应按照有关要求审查申请评价方提交的报告、文档，并在评价报告中确定等级。对申请运行评价的建筑，评价机构还应组织现场考察，进一步审核规划设计要求的落实情况以及建筑的实际性能和运行效果。

我国香港地区的绿色建筑评价标准为《香港建筑环境评估标准》，简称 HK-BEAM 体系，其所涉及的评估内容包括"新修建筑物"和"现有建筑物"两个方面。环境影响层次分为"全球""局部"和"室内"三种。适应香港地区现有的规划设计规范、施工建设和试运行规范、能源标签、IAQ 认证等。HK-BEAM 体系建立的目的在于为建筑业及房地产业中的全部利益相关者提供具有地域性、权威性的建设指南，采取引导措施，减少建筑物能源消耗，降低建筑物对环境可能造成的负面影响，同时提供高品质的室内环境。HK-BEAM 体系对建筑物性能进行独立评估，其评估方式采取自愿原则，并通过颁发证书的方式对其进行认证。

香港 HK-BEAM 的评估标准涵盖了大多数的建筑物类型，并根据建筑物的规模、位置及使用用途的不同而有所不同。对于评估体系中未提及的建筑，如工业建筑等，也可在适当条件下用该体系进行评估。HK-BEAM 已在香港推行多年，就评估的建筑物和建筑面积而言，HK-BEAM 在世界范围内都处于领先地位。

此外，中国城市科学研究会绿色建筑与节能专业委员会分别与中国绿色建筑与节能香港委员会及中国绿色建筑与节能澳门协会合作，于 2010 年 12 月及 2015 年 4 月制定出《绿色建筑评价标准（香港版）》《绿色建筑评价标准（澳门版）》，用于港澳地区绿色建筑的评价，并在港澳地区绿色建筑评价标准方面发挥相应的作用。

我国台湾地区对绿色建筑研究开展较早，于 1979 年即出版了具有里程碑意义的《建筑设计省能对策》一书。台湾建筑研究所在 1998 年就提出了本土化的绿色建筑评估体系，其内容包括基地绿化、基地保水、水资源、日常节能、二氧化碳减量、废弃物减量及垃圾污水改善七项评估指标，并于 1999 年 9 月开始进行绿色建筑标章的评选与认证。建筑研究所于 2002 年在七项评估指标基础上又新增了生物多样性与室内环境指标，形成了九项评估指标系统。2005 年建立了分级评估制度，以促使绿色建筑评估得以推广。绿色建筑项目评估的等级分为钻石级、黄金级、银级、铜级与合格级。

依据评估的目的和使用者的不同，绿色建筑评估过程可分为规划评估、设计评估和奖励评估三个阶段：

其一为规划评估，又称简易查核评估，主要作用是为开发业者、规划设计人员所开设的绿色建筑策略解说与简易查核法，提供设计前的投资策略和设计对策规划；其二为设计评估，又称设计实务评估，主要作用是为建筑设计从业人员在进行细部设计时提供评估依据，并对设计方案进行反馈和检讨；其三为奖励评估，又称推广应用评估，主要作用是为政府、开发业者、建筑设计者提供专业的酬金、容积率、财税、融资等奖励政策的依据。

6.1.2 绿色建筑设计已有的标准

我国国家和地方已发布绿色建筑设计的相关标准见表 6-1。

表 6-1 国家和地方已发布的绿色建筑相关标准

标准代码	规范名称	备注
JGJ/T 229—2010	民用建筑绿色设计规范	绿色建筑
JGJ 26—2018	严寒和寒冷地区居住建筑节能设计标准	
JGJ 75—2012	夏热冬暖地区居住建筑节能设计标准	与节能建筑设计标准
JGJ 134—2010	夏热冬冷地区居住建筑节能设计标准	
GB 50180—2018	城市居住区规划设计标准	节地与室外环境
GB/T 50563—2010	城市园林绿化评价标准	
GB 3096—2008	声环境质量标准	
GB 50189—2015	公共建筑节能设计标准	节能与能源利用
GB 50034—2013	建筑照明设计标准	
GB/T 7106—2019	建筑外门窗气密、水密、抗风压性能分级及检测方法	
GB 18580—2017	室内装饰装修材料 人造板及其制品中甲醛释放限量	节材与材料运用
GB 18581—2020	木器涂料中有害物质限量	
GB 18582—2020	建筑用墙面涂料中有害物质限量	
GB 18583—2008	室内装饰装修材料 胶黏剂中有害物质限量	
GB 18584—2001	室内装饰装修材料 木家具中有害物质限量	
GB 18585—2001	室内装饰装修材料 壁纸中有害物质限量	
GB 18586—2001	室内装饰装修材料 聚氯乙烯卷材地板中有害物质限量	
GB 18587—2001	室内装饰装修材料 地毯、地毯衬垫及地毯胶粘剂中有害物质释放限量	
GB 18588—2001	混凝土外加剂中释放氨的限量	
GB 6566—2010	建筑材料放射性核素限量	
GB 50033—2013	建筑采光设计标准	室内环境质量
GB 50176—2016	民用建筑热工设计规范	
GB 50325—2020	民用建筑工程室内环境污染控制规范	
GB 50118—2010	民用建筑隔声设计规范	
GB/T 18883—2020	室内空气质量标准	
GB 19210—2003	空调通风系统清洗规范	运营管理
CJ/T 174—2003	居住区智能化系统配置与技术要求	
物业管理部门通过 ISO14001 环境管理体系论证		

以上国家和地方已发布绿色建筑设计相关标准在设计实践中主要分为居住建筑与公共建筑设计两类。

6.1.3　绿色建筑评价的机制与过程

通过上述国内外绿色建筑设计评价标准的梳理可知，当前世界各国绿色建筑评价机制主要有以下三种形式。其一是确定评价指标项目。即根据当地的自然环境（包括地理、气候因素、生态类型等）以及建筑因素（包括建筑形式、发展阶段、地区实践）等条件，确立在当地（或本国）适用的建筑评价指标项目的详细构架；其二是确定评价标准。其标准既可是定性的，也可是定量的，但均以现行的国家或地区规范以及公认的国际标准作为重要的参照和准则。现行规范中没有规定的项目，则根据地区实践的实际水平和需要，组织专家进行修订。其三是执行评价。即根据以上标准，对绿色建筑设计相关指标项目展开评价（图6-4）。

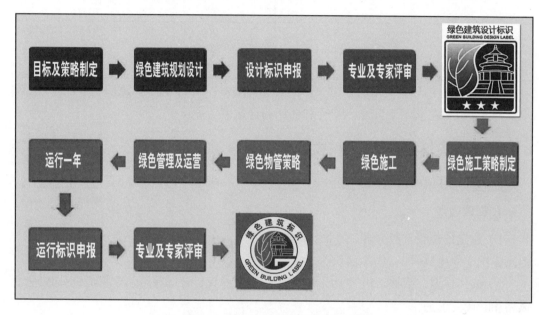

图 6-4　绿色建筑评价的机制和过程

绿色建筑设计评价的过程则运用如下程序：

第一步：输入数据。根据绿色建筑设计评价指标项目输入相关设计、规划、管理、运行等方面的数值与文件资料。这些数值与文件资料可以通过记录、计算、模拟验证、调研分析等途径获得。

第二步：综合评分。由具备绿色建筑设计评价资格的评审人员，依据相关评价标准对绿色建筑设计项目进行评价，多运用加权累积的方法评定最后得分。

第三步：确定等级。依据得分的多少，确定所评绿色建筑的等级，并颁发相应的等级认定证书。

6.2　绿色建筑室内环境的评价要点

居住建筑室内环境构成要素主要包括热湿环境、空气品质、听觉环境、视觉环境几个方面，美国堪萨斯大学的学者曾用权重系数来表示这些因素的作用，见表6-2。

表 6-2　影响室内环境因素的权重系数

室内环境	总的权重系数	影响因素	分项权重系数
热湿环境	29.5	湿度	15.2
		相对湿度	7.1
		空气流速	7.2
空气品质	16.2	异味	7.5
		灰度	6.5
		阴影	2.2
听觉环境	21.3	噪声强度	8.7
		高低周期	4.6
		杂声	8.6
视觉环境	24.0	亮度	11.0
		辉度	8.0
		阴影	5.0

绿色建筑室内环境的基点在于一切从居住者出发，满足居住者心理和生理的环境需求，使人们生活在健康、安全、舒适和环保的建筑内外环境中。

6.2.1　绿色建筑室内环境的构成要素

绿色健康环境的构成要素包含以下几方面：

1. 物理因素

1）建筑的位置选择合理，平面设计方便适用，在日照、间距符合规定的情况下，提高容积率（建筑面积 / 占地面积）。

2）墙体保温，围护结构达 50% 的节能标准，外观、外墙涂料、建材应能体现现代风格和时代要求。

3）通风窗应具备热交换、隔绝噪声、防尘效果优越等功能。

4）建筑内外环境应装修到位，简约，以避免二次装修所造成的污染。

5）声、热、光、水系列量化指标。有宜人的环境质量和良好的室内空气质量。

2. 与自然环境的亲和性

建筑室内环境应充分享受阳光、空气、水等大自然的高清新性。使人们在室内尽可能多地享有日光的沐浴，呼吸清新的空气，饮用完全符合卫生标准的水。应创造条件让人接近自然、亲和自然。

3. 建筑内外环境的保护

建筑室内环境排放废弃物、垃圾分类收集，以便于回收和重复利用，对周围环境产生的噪声进行有效的防护，并进行中水的回用，如将中水用于灌溉、冲洗厕所等。

4. 健康环境的保障

建筑室内外环境开发模式要针对居住者本身的健康保障，包括医疗保健体系、家政服务系统、公共健身设施、社区老人活动场所等硬件建设。不仅使居住者身体健康，且心理健康，重视精神文明建设，邻里助人为乐、和睦相处。

5. 可持续发展的体现

建筑室内外环境和设计的理念是坚持可持续发展，主要体现在三点：

1）减少地球、自然、环境的负荷，节约资源、减少污染，既节能又有利于环境保护。

2）建造宜人、舒适的居住环境。

3）与周围生态环境融合。

6.2.2　绿色建筑室内环境的基本要求

1. 有适宜的室内小气候

室内小气候主要由室温、气湿、气流和热辐射（与周围墙壁等物体的表面温度有关）这四个气象因素组成。通常情况下，这四个因素综合作用于人体，维持人体的热平衡，使人的体温处于正常的状态。当小气候不合适时，为维持正常的体温，人体的体温调节处于紧张的状态，并可能影响到机体其他系统的功能，对人体的健康产生不良的影响（图 6-5）。

图 6-5　建筑室内小气候

2. 保证有足够的日照时间

室内保证足够的日光照射时间对于健康生活是十分重要的。充足的日照除了利于北方的冬季取暖和南方的室内除湿以外，对于机体和精神健康也具有十分重要的意义。首先，太阳光中可直达地表的紫外线具有许多重要的生理功能。紫外线具有很强的杀菌功能，对于杀灭室内致病菌，提高室内环境质量具有显著作用。对于有婴幼儿的家庭而言，紫外线又可通过促进机体钙磷代谢而降低婴幼儿佝偻病的发生率。同时，紫外线还可维持机体的兴奋水平，提高机体的免疫力。其次，太阳光（可见光部分）可作用于生物的高级神经系统，平衡神经系统的兴奋与镇静，增强视觉和代谢功能，这对于生物的生存也是必不可少的外界条件之一。

3. 室内空气清洁

室内空气清洁是健康家居的重要条件之一。保证室内空气清洁的条件主要有二，一是避免来自室内和室外的各种污染，二是确保经常性的通风换气，以排除室内空气污染物、人类自身的代谢产物和生活活动产生的不良物质。

4. 室内环境安静

安静的室内环境既可使人们在工作之余获得有效的休息与睡眠，又可提高学习和工作的效率。相反，嘈杂的噪声会增加人们的不安与烦躁，破坏情绪，损害人们身体和精神的健康。因此，远离噪声应当是人们的必然选择。

5. 室内卫生设施齐全，没有利于疾病传播的条件

卫生设施不仅要方便生活，而且要防止疾病的传播。要能够将生活中产生的各种废弃物（包括气态、液态和固态的）及时排除，同时又能有效避免各种生物或微生物的侵扰（如蚊、蝇、蟑、鼠等）。

6. 室内周围环境宜人

最适合人类居住的环境应当是最贴近自然的。即或是在闹市，其建筑室内环境也应当有机会与自然对话。门外的绿地、窗外的绿树与蓝天会使人们的生活多彩、身心愉悦（图6-6）。

图6-6　贴近自然是建筑室内环境追求的最高境界

6.2.3　室内环境的要素指标

室内环境的要素指标主要包括微小气候、采光照明、空气质量和噪声等多项因素。在适应机体需求前提下，各种因素的合理组合，构成了适宜人们居住的健康室内环境。

健康的室内环境有哪些具体指标，这不但是每一个人关心的问题，同时也是世界各国和我国各级政府有关部门所广泛关注的问题。为了改善室内环境，保护居住者的身体健康，有关部门已经出台了种种标准或规范，针对每一项具体问题都有明确的规定和限定值，使室内环境的健康有了评价标准。

1. 室内环境采光

（1）室内环境采光与健康

室内环境采光是指通过窗户进入室内的自然光，其来源主要是太阳辐射，由可见光、紫外线和红外线组成。足够的光线是我们日常生活和工作学习的必要条件。充足的可见光能刺激生物的高级神经系统。平衡神经系统的兴奋与镇静，增强机体代谢和免疫功能，并通过昼夜节律的变化调节体力活动、睡眠和食物的消耗。特别是对于儿童和老年人，由于他们的机体各系统的协调功能相对较差，充足的光照对他们是至关重要的（图6-7）。

光在维持神经系统的兴奋度、增强机体的免疫能力和调节生命的节律等方面具有重要意义。太阳辐射主要由红外线、可见光和紫外线三部分组成。对人类的健康而言，这三部分

光线各有不同的生理功效，缺一不可。

红外线是太阳光中红色光谱以外的部分，肉眼不可见，其主要的生理作用是可以引起热效应。由于其波长相对较长，因而具有一定的穿透力，当照射机体以后，引起局部或全身的温度升高，血管扩张，血流加速，促进了机体的新陈代谢，并有消炎镇痛的功效。在冬季，红外线可以提高室内环境环境中的温度，节约能源。

图 6-7　建筑室内环境充足的光照

紫外线对于人们机体的健康功不可没，尽管看不到，但绝不能忽视它的存在。紫外线按其生物作用分为长波（UV-A）、中波（UV-B）和短波紫外线（UV-C）三段。UV-A（320 ~ 400nm）对人体的生物效用较弱，长时间照射后引起黑色素沉着，使皮肤变黑。UV-B（275 ~ 320nm）对机体健康的影响具有明显作用，也是室内环境应当具备的重要有利因素。这一波长范围的紫外线可部分到达地表，促进机体钙磷代谢，具有明显的抗佝偻病作用。对于有幼儿或老年人的家庭，充足的日照将有利于他们的骨骼发育和健康生活。日光中的 UV-C（200 ~ 275nm）大部分被臭氧层所吸收，只有极小部分可以到达地表。这部分短波紫外线具有很强的杀菌作用，所以适量的日照可在一定程度上杀灭室内的病原微生物。但是这一波长的紫外线对人体细胞也有很强的损伤作用，因而在日光过强时，人们应避免直接地在阳光下停留过久。

（2）室内环境采光的设计要求

室内环境的自然采光状况主要与室内朝向、室内进深、窗户面积、楼层高度以及窗外的遮挡物情况有关。通常房间朝南、楼层相对较高的室内环境的采光状况会相对较好。

按照我国《住宅设计规范》要求，每个住宅至少应有一个居住空间能获得日照。其他相关要求如下：

1）需要获得冬季日照的居住空间的窗洞开口宽度不应小于 0.60m。

2）卧室、起居室（厅）、厨房应有天然采光。

3）卧室、起居室（厅）、厨房的采光窗洞口的窗地面积比不应低于 1/7。

4）采光窗下沿离楼面或地面高度低于 0.50m 的窗洞口面积不计入采光面积内，窗洞口上沿距地面高度不宜低于 2.00m。

室内的日照与住宅的朝向和前后建筑物的间距有关。由于室内环境日照时间与不同季节太阳运行的角度相关，根据实测的结果可知，在北纬 45° 附近地区（我国北方的地理位置）以朝南的住宅为最佳。而在夏季（5 ~ 7 月）接受阳光直射的时间又最少。

《城市居住区规划设计规范》（GB 50180—2018）根据住宅所在地域的气候分类及城

市规模规定了住宅设计中应满足的最短日照时间，确保了住宅的日照需求。但由于日照还与前后建筑的间距有关，所以为保证住宅有足够的日照，前后建筑间必须留有适宜的间距。

规范中规定，在城市的新建住宅楼中，即便是在受光较差的底层，其窗台面每日所接受的日照时间一般不应少于两小时。我国在冬至日或大寒日的日照时间相对最短，因而设计时通常以此作为日照标准日，以保证住宅能够符合住宅建筑日照标准。但在实际设计中，由于受到建筑朝向、地理位置或其他客观因素的影响，并非每一套楼房住宅都能满足日照要求。特别是在人口稠密的大城市，由于地价昂贵，开发商为降低成本而充分利用空间，许多住宅小区建成高层塔状楼，因而背阴面的单元房则较难满足日照要求。所以在选购住房时，为获得充分的日照，人们通常青睐于板式楼房或塔状楼房的阳面单元。

2. 室内环境噪声与健康

室内环境噪声主要包括来自于室外的生产噪声、交通噪声和建筑内的生活噪声。生产噪声来源于附近的工矿企业和建筑工地等，交通噪声来源于机动车辆及火车飞机等，而生活噪声则主要来源于住宅内使用的各种工程技术设施（供暖、卫生设施、家用电器设施等）、居民生活活动和临近的商业活动等。

我国《健康住宅建设技术要点（2004年修订）》对于居住区域和室内噪声的限量已有明确的规定，并根据实际情况将住宅室内噪声规定为昼间小于40dB（A），而夜间小于30dB（A）。超过这些限定值，则可能对居住者的健康和生活产生不良影响。同时还规定住宅的卧室、起居室内环境（厅）宜布置在背向噪声源的一侧。电梯不应与卧室、起居室内环境（厅）紧邻布置。凡受条件限制需要紧邻布置时，必须采取隔声、减振措施。夜间的突发噪声不能超过50dB（A）的限定值（图6-8）。

图6-8　建筑室内环境噪声与健康

在选择居住新址时，应当把周围环境的噪声污染作为一个重要指标来考虑，尽量避免来源于室外的噪声。在外墙结构和门窗面积确定的前提下，外界噪声的大小主要取决于窗户和外门的隔声效果。那么，当新房屋进行装修时，就应根据住宅门窗的具体情况选用适当的材料，做出防噪声的设计。

随着人们生活现代化程度的提高，家庭中的家用电器品种越来越多，其产生的噪声对人们的危害也越来越大。据检测，家庭中电视机、收录机所产生的噪声可达60～80dB，洗衣机为42～70dB，电冰箱为34～50dB。如果家用电器在安装或摆放时不太稳定，由于机械的振动，在运转也可产生附加的噪声。由于噪声大小与电器的性能和功率等有关，所以在选用电器时，不必盲目追求大功率，够用即可，不然既浪费了能源又增加了噪声。

3. 室内环境温度与健康

人体的体温调节是指机体自身将体内温度精确地稳定在37℃，其波动范围不超过

0.2℃。外界环境的温度时有变化，机体通过体温调节系统，调整机体的产热和散热过程（增加代谢产热或出汗散热），使体内温度不产生明显的变化。但人体生理性的体温调节系统的调节能力也是有限度的，因而还必须通过体外的温度调节来确保体温的恒定。通常采用的体外调节方式就是增减衣物或利用各种设施来改变人体外环境的温度（图 6-9）。

室内环境温度是构成室内小气候的四个气象因素（室温、气湿、气流和热辐射）之一。人体主观上感觉的冷或热，是在室内小气候作用于人体后所产生的一种综合的感觉。它们彼此之间可以互为补偿，但在其他因素一定的条件下，室温是影响体内温度的最重要的因素，也是容易控制的因素。

图 6-9　建筑室内环境温度与健康

适宜的室内环境温度可使机体体温调节系统经常处于正常状态，使热平衡维持在正常状态。当室内温度过高或过低而超出机体的可调节范围时，就会造成热平衡失调，进而影响机体的代谢和其他系统的功能。长时间处于这种失常状态时，则会使机体抵抗力下降，引发各种疾病，或减缓其他疾病的痊愈过程。由于老人和儿童的体温调节功能相对较弱，过热、过冷或温度变化过快时，都可能使他们患病。所以，对于有老年人和小孩的家庭，适宜的室内温度显得格外重要。《室内空气质量标准》（GB/T 18883—2022）规定住宅室内温度应符合下述标准，夏季用空调时室内温度应为 22 ~ 28℃；冬季供暖时室内温度应为 16 ~ 24℃。

我国幅员广阔，从南至北纬度跨越很大，北方冬天严寒，南方夏日酷暑，不同地区室外温度差异十分明显。我国《农村住宅卫生标准》（GB 9981—2012）将我国分为四个气候区，严寒区、寒冷区、温暖区和炎热区。根据冬夏两季的气温变化和人体健康的需要，规范规定，夏季严寒区和寒冷区住宅的适宜温度应为 26 ~ 28℃；温暖区和炎热区应小于 28℃，冬季集中供暖的室内温度范围应当在 16 ~ 20℃；分散采暖的温度范围应在 13 ~ 17℃，同时还规定无论在什么地都不应低于 13℃。

4. 室内环境湿度与健康

人的温热感觉主要与室内的温度和湿度有关，当相对湿度较小时，虽然人们处在 30℃ 或 30℃ 以上的高温条件下，仍然不会感觉特别闷热。而当相对湿度高达 80% 以上时，由于机体无法通过出汗而迅速散热，尽管室温并非很高，仍然会感觉湿热难耐。

室内环境湿度是指室内空气中所含水汽的多少，湿度越大表示空气越潮湿。我们通常用"相对湿度"来表示空气湿度的大小。在一定温度条件下，空气相对湿度越小，空气越干燥，人体汗液蒸发越快，人的主观感觉越凉快（图6-10）。

图 6-10 水景与植物能够调节建筑室内环境的湿度

北方地区，空气湿度相对较低，如北京地区的冬春季白天一般湿度为20%左右。由于空气干燥，人们往往有不舒适的感觉，有时还出现唇鼻干裂、出血和喉头干痒等现象。在南方地区，到了盛夏季节，空气湿度常达80%以上，在阴雨季节空气的相对湿度甚至可以达到饱和程度。此时汗液蒸发缓慢而不利于人体散热，人们会感觉酷暑难耐，头晕和呼吸不畅，有时还会引发中暑。另外，当室内湿度较大时，细菌和霉菌易于存活和繁殖，容易造成疾病的传播。

温度和湿度应当协调在一定的适宜范围内。在通风良好的房间里，如果温度为20℃、25℃、30℃和35℃时，相对湿度分别为85%、60%、44%和33%，则人们的温热感觉相对适宜。

一般而言，室内空气的相对湿度在35% ~ 50%时，人体感觉较为适宜。因而可利用空调除湿功能减低室内湿度，或用加湿器加湿以增加室内的湿度，将室内空气的相对湿度调节在适宜的范围，这样既可以避免由于空气过分干燥而引起口腔鼻部黏膜的干燥出血，又可以避免因过度潮湿而引发各种皮肤感染或呼吸系统等疾患，同时还可以防止霉菌及其他有害微小生物的滋生。

潮湿的环境可以促使微生物的繁殖生长，控制室内的湿度可减少微生物的污染。在厨房和浴室使用排风扇，以便及时排出室内的水蒸气。如果发现物体表面有潮湿现象时停止使用加湿器。潮湿、闷热的天气可以使用空调除湿。地毯吸收水蒸气会变得潮湿，应经常检查铺在混凝土地板上的地毯，在潮湿环境下，可以在地毯和混凝土地板之间铺一个塑料隔板防潮。应经常打开房间门窗以增加空气的对流，特别是要打开储藏室的门。可以使用换气扇增加空气的流动，也可以将家具从墙角移开，这样可以增加空气的流动。总之，保证房间有充足的新鲜空气，能将房间中过多的水蒸气驱散出去。

5. 室内环境空气清洁度与健康

海滨和森林附近的空气因为含有大量负离子，身临其境时会感觉空气清新，因而十分有益健康。相反，在室内环境内，由于人们的呼吸与活动，或因燃料燃烧及其他的污染，会使空气中的负离子数量减少，导致空气清洁度的下降（图6-11）。

室内环境空气清洁度是衡量健康居住环境的重要指标之一，也是影响人们对于美好居住环境主观感觉的最直观的内容。影响室内环境空气清洁度的污染物很多，因此评价室内环境空气清洁度的指标也有多种，如一氧化碳、二氧化碳、二氧化硫、微生物、悬浮颗粒和空气离子等。其中一氧化碳、二氧化碳、二氧化硫和悬浮颗粒主要来源于家庭燃料的燃烧及人体的新陈代谢和生活活动等，而微生物则主要来源于人们在室内的生活和活动。当上述指标高过一定程度时，人们在主观上会感觉空气污浊，甚至感到发闷和身体不适。在客观上则有可能因长期生活在不清洁的环境中而诱发各种疾病。

图 6-11　建筑室内环境空气清洁度与健康

空气离子是指空气中存在的正负离子含量，是由于空气中的各种分子不断受到电离辐射的作用而离子化，产生带正电荷或负电荷的离子。空气负离子的存在有利于健康，会使人感到神清气爽，精力充沛。

6. 室内环境水质与健康

我国大多数城市都是由自来水厂集中供水。为保证饮用水的饮用安全，《生活饮用水水质标准》（DB31/T 1091—2018）对生活饮用水的质量做出了明确的规定。生活饮用水水质的基本要求是不得含有病原微生物，化学物质及放射性物质的含量不得危害人体健康，水的感官性状良好。

一般来讲。除非遇到事故等特殊情况，水厂所供的饮用水在卫生方面是安全的。但是，在某些高层或大型建筑中，由于用水量的变化较大，城市给水管网水压有时不能满足用户用水需要。此时，多采用二次供水的方式进行供水，以防止用户供水的短缺。二次供水可采用顶层蓄水池和变频送水两种方式进行，现多采用后者。在采用蓄水池方式二次供水时，位于楼顶层的蓄水池有时可能发生微生物（如军团菌等）和微小生物（如蚊蝇的繁殖）的污染，导致城市供水的二次污染。如采用变频供水方式，由于变频供水的调节池不具备储存功能，变频水的流动很快，故一般不存在二次污染的问题。实际上，变频水的水质完全等同于水厂直接供水。

在新的建筑中，管道系统未经使用，或使用的材料连接处处理不当，也有可能出现饮用水的污染问题。所以，当自来水突然变得有异味、有颜色、浑浊或有明显温度改变时，就要引起警觉。当充分放水之后问题仍未解决，应当要求有关部门寻找原因，解决问题。

7. 室内环境面积与健康

人均住房面积是衡量一个国家或地区人民生活水平的敏感指标之一。在衣食无忧之后，人们首先希望改善的就是居住的面积与环境。根据我国主要大中型城市的统计资料，目前我国户均住房已超过 1.1 套，城镇人均住宅建筑面积已达到 $39m^2$（2018 年），是

2003年的1.65倍（图6-12）。

人均居住面积最小需要多大才能满足人体健康的需求呢？根据卫生要求，室内环境内的二氧化碳的浓度应小于0.07%（$0.7L/m^3$）。按照每人每小时呼出22.6L二氧化碳，室内自然通风换气次数（我国北方冬季门窗密闭时，实际只通风换气0.5 ~ 0.7次/h），再结合人体实际代谢排除的二氧化碳量及室内原二氧化碳浓度进行计算以后，认为室内环境容积达到每人20 ~ $30m^3$时，既符合有关卫生学要求，又满足人体的健康

图6-12　建筑室内环境面积与健康

需求。结合我国国情，《住宅居室容积卫生标准》（GB 11727—1989）规定，全国城镇住宅室内环境的容积标准为$20m^3$。也就是说，当室内环境净高度为2.8m时（"标准"规定的室内环境净高为2.4 ~ 2.8m），每人的居住面积不应小于$7.14m^2$。

按照我国现行住宅中房间的配置情况，除客厅外，其他房间的设计面积一般都不很大。在这种情况下，要结合实际住房情况，合理安排卧室的面积，避免卧室容积过小。如果卧室容积过小，则应注意在睡眠时保持适度的通风换气。特别是在冬季气温较低时，不要完全紧闭门窗，以免因空气不流通而使室内空气污浊，影响健康。

另外。按照《住宅设计规范》（GB 50096—2011）的规定，普通住宅层高不高于2.80m。依此推算，去除楼板厚度，高层住宅的室内净高通常仅为2.5 ~ 2.6m。因而，在家庭装修时，应当遵循规范的规定，卧室、起居室室内环境（厅）的室内净高不应低于2.40m，不要片面地追求美观或特色而吊顶，把顶棚压得过低。装木质地板时，也不宜用过厚的地板或龙骨而过大地抬升地面的高度。不然，既缩小了室内有效容积，浪费了人们健康所必需的宝贵空间，同时又人为地增加了室内的压抑感。

8. 灯光强度与健康

灯光过弱或过强均可带来不利的健康影响。过弱易造成眼睛疲劳和引发近视，而过强可造成视力损伤和头晕目眩。

室内照明一般有整体照明（照亮全房间）、局部照明（照亮局部范围）和混合照明（结合前二者）三种方式。常用室内照明方式一般是将整体照明与局部照明相结合。整体照明一般选用吊灯和墙灯等，作为局部照明多选用台灯、床头灯和落地灯等。

照明与光线强度对于维持人体的正常生理功能是不可或缺的。足够的光线可维持机体神经系统的兴奋性，有助于提高机体的应激能力。但长期使用室内照明，可因影响神经系统的兴奋性而干扰机体的生物钟，以致影响人体固有的生活规律，使人生理节奏失调。因而，无论是在白天还是黑夜，当自然采光不足，必须利用人工光源进行补充照明

时，应当充分注意光源的质量与强度（图 6-13）。

图 6-13　建筑室内环境照明与健康

在家居照明设计方面，要既能保证照明的质量，又能达到装饰的效果，应该注意以下几个问题：

1）色彩的协调，冷色、暖色视用途而协调使用。

2）避免眩光，可利用灯罩和位置的合理安排避免眩光造成眼睛的不适和疲劳。

3）合理分布光源，顶棚光照明亮,使人感到空间增大,明快开朗。顶棚光线暗淡、使人感到空间狭小、压抑。一般照明和局部照明结合使用,这样既经济又实惠。

4）光的照射方向和光线的强弱要合适。

5）灯光的布置与顶棚的高度、房间的大小、环境和造型、风格、家具的布置、地面、墙面色彩、材质相吻合。

通常，家庭室内环境的照度（单位被照面上接收到的光通常称为照度）宜在 50 ~ 150 勒克斯（lx）。书房和起居间光照要分布均匀，照度应在 75lx 以上。在从事阅读或其他精细工作时，工作面上光照的照度应在 300 ~ 500lx，无强烈眩光，并应采用接近自然光谱的光源（如光强度稳定的日光灯或白炽灯）。

特别是儿童青少年正处在上学时期，读书用眼较多，应尽量采用窗前的自然光读书。如必须用人工光源时，则一定要有质量可靠的光源，并注意把握五个原则：

1）采用广泛的照明，光线应照射到整个桌面。

2）采用均匀的照明，每一部分的照明度都要一致。

3）保持稳定的照明，光源不要时暗时明或闪烁。

4）保持充足的照明，要根据工作性质，选用适宜的照明度。

5）选择合理的照明，防止光线直射眼睛。

6.3　绿色建筑室内环境的评价标准

6.3.1　绿色建筑室内环境的相关标准

为了提高居住及办公建筑室内环境质量，保护人民的身体健康，近些年来，国家和地方有关部门已发布一系列相关标准，见表 6-3。

表 6-3　室内环境的相关标准

标准名称	标准号
室内空气质量标准	GB/T 18883—2022
住房内氡浓度控制标准	GB/T 16146—2015
居室空气中甲醛的卫生标准	GB/T 16127—1995
室内空气中细菌总数卫生标准	GB/T 17093—1997
室内环境空气中二氧化碳卫生标准	GB/T 17094—1997
室内环境空气中可吸入颗粒物卫生标准	GB/T 17095—1997
室内环境空气中氮氧化物卫生标准	GB/T 17096—1997
室内环境空气中二氧化硫卫生标准	GB/T 17097—1997
环境空气中氡的标准测量方法	GB/T 14582—1993
空气质量　氨的测定　次氯酸钠—水杨酸分光光度法	GB/T 14679—1993
环境地表 γ 辐射剂量率测量规范	GB/T 14583—1993
空气质量　苯乙烯的测定　气相色谱法	GB/T 14670—1993
空气中氡浓度的闪烁瓶测量方法	GB/T 16147—1995
居住区大气中甲醛卫生检验标准方法　分光光度法	GB/T 16129—1995
地下建筑氡及其子体控制标准	GB 16356—1996
城市区域环境噪声标准	GB 3096—1993
城市区域环境噪声测量方法	GB/T 14623—1993

《绿色建筑评价标准》（GB/T 50378—2006）主要技术内容包括总则、术语、基本规定、住宅建筑、公共建筑五个章节，其对"室内环境质量"的要求主要分设在住宅建筑、公共建筑两个章节，即为首次对绿色建筑中"室内环境质量"提出的管控与评价要求。

《绿色建筑评价标准》（GB/T 50378—2014）主要技术内容设有总则、术语、基本规定、节地与室外环境、节能与能源利用、节水与水资源利用、节材与材料资源利用、室内环境质量、施工管理、运营管理、提高与创新十一个章节，原分散于住宅建筑、公共建筑的"室内环境质量"方面的管控与评价要求，被独立列出成章，强化了"室内环境质量"在绿色建筑设计中的重要作用。

《绿色建筑评价标准》（GB/T 50378—2019）主要技术内容包括总则、术语、基本规定、安全耐久、健康舒适、生活便利、资源节约、环境宜居、提高与创新九个章节，其中"室内环境质量"被纳入"健康舒适"章节，强化了绿色建筑及室内环境设计中对"室内环境质量"方面管控与评价要求的整体性，影响较大，是工程设计创作实践中需遵循与掌握的基本要则。下面即对《绿色建筑评价标准》（GB/T 50378—2019）中"室内环境质量"的条目予以分析。

1. 室内空气品质

1）标准中 5.2.1，本条适用于各类民用建筑的预评价、评价。

此条修订由本标准 2014 年版第 11.2.7 条基础上发展而来。

第 1 款，在本标准第 5.1.1 条基础上对室内空气污染物的浓度提出了更高的要求。具体预评估方法详见本标准第 5.1.1 条的条文说明。预评价时，可仅对甲醛、苯、总挥发性有机物进行浓度预评估。

第 2 款，对颗粒物浓度限值进行了规定。预评价时，全装修项目可通过建筑设计因素（门窗渗透风量、新风量、净化设备效率、室内源等）及室外颗粒物水平（建筑所在地近一年环境大气监测数据），对建筑内部颗粒物浓度进行估算。预评价的计算方法可参考现行行业标准《公共建筑室内空气质量控制设计标准》（JGJ/T 461）中室内空气质量设计计算的相关规定。评价时，建筑内应具有颗粒物浓度监测传感设备，至少每小时对建筑内颗粒物浓度进行一次记录、存储，连续监测一年后取算术平均值，并出具报告。对于住宅建筑，应对每种户型主要功能房间进行全年监测；对于公共建筑，应每层选取一个主要功能房间进行全年监测。对于尚未投入使用或投入使用未满一年的项目，应对室内 PM2.5 和 PM10 的年平均浓度进行预评估。

2）标准中 5.2.2，本条适用于各类民用建筑的预评价、评价。

本条为新增条文。从源头把控，选用绿色、环保、安全的室内装饰装修材料是保障室内空气质量的基本手段。为提升家装消费品质量，满足人民日益增长的对健康生活的追求，有关部门于 2017 年 12 月 8 日发布了包括内墙涂覆材料、木器漆、地坪涂料、壁纸、陶瓷砖、卫生陶瓷、人造板和木质地板、防水涂料、密封胶、家具等产品在内的绿色产品评价系列国家标准。如现行国家标准《绿色产品评价涂料》（GB/T 35602）、《绿色产品评价纸和纸制品》（GB/T 35613）、《绿色产品评价陶瓷砖（板）》（GB/T 35610）、《绿色产品评价人造板和木质地板》（GB/T 35601）、《绿色产品评价防水与密封材料》（GB/T 35609）等，对产品中有害物质种类及限量进行了严格、明确的规定。其他装饰装修材料，其有害物质限量同样应符合现行有关标准的规定。

2. 声环境

1）标准中 5.2.6，本条适用于各类民用建筑的预评价、评价。

此条修订由本标准 2014 年版第 8.2.1 条基础上发展而来。现行国家标准《民用建筑隔声设计规范》（GB 50118）规定了建筑主要功能房间的室内允许噪声级。本标准要求采取减少噪声干扰的措施进一步优化主要功能房间的室内声环境，包括优化建筑平面、空间布局，没有明显的噪声干扰；设备层、机房采取合理的隔振和降噪措施；采用同层排水或其他降低排水噪声的有效措施等。

国家标准《民用建筑隔声设计规范》（GB 50118）将住宅、办公、商业、医院等建筑主要功能房间的室内允许噪声级分为"低限标准"和"高要求标准"两档列出。对于现行国家标准《民用建筑隔声设计规范》（GB 50118）中包含的一些只有唯一室内噪声级要求的建筑（如学校），本条认定该室内噪声级对应数值为低限标准，而高要求标准则在此基础上降低 5dB（A）。需要指出，对于不同星级的旅馆建筑，其对应的要求不同，需要一一对应。

2）标准中 5.2.7，本条适用于各类民用建筑的预评价、评价。

此条修订自本标准 2014 年版第 8.2.2 条。国家标准《民用建筑隔声设计规范》（GB 50118）将住宅、办公、商业、旅馆、医院等类型建筑的墙体、门窗、楼板的空气声隔声性能以及楼板的撞击声隔声性能分为"低限标准"和"高要求标准"两档列出。

第 1 款，对于现行国家标准《民用建筑隔声设计规范》（GB 50118）中只规定了构件的单一空气隔声性能的建筑，本条认定该构件对应的空气隔声性能数值为低限标准限值，而高要求标准限值则在此基础上提高 5dB。

第 2 款，对于现行国家标准《民用建筑隔声设计规范》（GB 50118）中只有单一楼板撞击声隔声性能的建筑类型，本条认定对应的楼板撞击声隔声性能数值为低限标准限值，高要求标准限值在低限标准限值降低 10dB。

对于现行国家标准《民用建筑隔声设计规范》（GB 50118）没有涉及的类型建筑的围护结构构件隔声性能可对照相似类型建筑的要求评价。

《绿色建筑评价标准》（GB/T 50378—2019）中"室内环境质量"的修订，强化对使用者健康和舒适的关注，提高和新增了对室内空气质量、水质等以人为本、利于健康舒适的有关指标要求，并另外增加了禁烟和装饰装修材料要求，加强了污染物的控制效果以及监测与控制措施，重视采光空间（内外区、地上、地下）和采光效率（DF、眩光控制）的综合提升，强调基于热适应的自然通风节能和有利于人体健康的效果，注重独立空调、有效遮阳等个性化调控装置应用，更多地引导人们关注健康舒适的室内环境，推动绿色建筑在环境质量层面从体验感和获得感上得以提升。

6.3.2　环境质量标准

环境质量标准（environmental quality standards）是指在一定时间和空间范围内，对环境中有害物质或因素的容许浓度所做的规定。它是国家环境政策目标的具体体现，是制定污染物排放标准的依据，也是环保部门进行环境管理的重要手段。环境质量标准包括国家环境质量标准和地方环境质量标准。

环境质量标准包括水质量标准、环境空气质量标准（原大气质量标准）、土壤质量标准和生物质量标准四类，以及声环境质量标准等。其中，每类又按不同用途或控制对象分为各种质量标准：

1.环境空气质量标准

环境空气质量标准即是在原大气质量标准基础上修订而成，是对大气中污染物或其它有害物质的最大容许浓度所做的规定。目前世界上已有 80 多个国家颁布了此类标准，世界卫生组织（WHO）1963 年提出二氧化硫、飘尘、一氧化碳和氧化剂的大气质量标准。中国 1962 年颁布的《工业企业设计卫生标准》中首次对居民区大气中的 12 种有害物质规定了最高容许浓度。1982 年颁布了《大气环境质量标准》（GB 3095—1982）；1996 年颁布了《环境空气质量标准》（GB 3095—1996），并且于 1996 年 10 月 1 日实施；2000 年第二次修订；2012 年进行了第三次修订，现用的最新的大气质量标准为《环境空气质量标准（GB 3095—2012）》，于 2016 年 1 月 1 日起在全国实施。《环境空气质量标准》（GB 3095—2012）规定了环境空气功能区分类、标准分级、污染物项目、平均时间及浓度限值、监测方法、数据统计的有效性规定及实施与监督等内容。从建筑室外环境质量层面看，本标准适用于环境空气质量评价与管理。

2. 水质量标准

水质量标准是对水体中污染物和其他物质的最高容许浓度所做的规定。按水体类型可分为地面水质量标准、海水质量标准和地下水质量标准等；按水资源的用途可分为生活饮用水水质标准、渔业用水水质标准、农业用水水质标准、娱乐用水水质标准和各种工业用水水质标准等。由于各种标准制定的目的、适用范围和要求的不同，同一污染物在不同标准中规定的标准值也是不同的。从建筑室外环境质量层面看，水环境质量标准与规范见表 6-4。

表 6-4　水环境质量标准与规范

序号	标准名称	标准号	颁布年份	备注
1	地面水环境质量标准	GB 3838—2002	2002	代替 GB 3838—1988 CHZB1—1999
2	地表水资源质量标准	SL63—1994	1994	
3	生活饮用水水源水质标准	CJ 3020—1993	1993	
4	饮用净水水质标准	CJ 94—2005	2005	
5	城市供水水质标准	CJ/T 206—2005	2005	
6	污水排入城市下水道水质标准	CJ 3082—1999	1999	
7	城市污水再生利用城市杂用水水质	GB/T 18920—2002	2002	代替 CJ/T 48—1999
8	城市污水再生利用景观环境用水水质	GB/T 18921—2002	2002	代替 CJ/T 95—2000
9	城市污水再生利用 地下水回灌水质	GB/T 19772—2005	2005	
10	城市污水再生利用 分类	GB/T 18919—2002	2002	

3. 土壤质量标准

土壤质量标准是对污染物在土壤中的最大容许含量所做的规定。土壤中污染物主要通过水、食用植物、动物进入人体，因此，土壤质量标准中所列的主要是在土壤中不易降解和危害较大的污染物。土壤质量标准的制订工作开始较晚，只有俄罗斯、日本等国制定了项目不多的土壤质量标准。俄罗斯土壤质量标准中列有 DDT、六六六、砷、敌百虫等十多个项目，日本有镉、铜和砷等项目。

土壤环境质量标准分为《土壤环境质量 农用地土壤污染风险管控标准（试行）》

（GB 15618—2018）和《土壤环境质量　建设用地土壤污染风险管控标准（试行）》（GB 36600—2018）等。从住区环境质量层面看，标准适用于其环境建设用地土壤污染风险管控质量评价与管理。

4. 生物质量标准

生物质量标准是对污染物在生物体内的最高容许含量所做的规定。其污染物可通过大气、水、土壤、食物链或直接接触而进入生物体，危害人群健康和生态系统。联合国粮食及农业组织（FAO）和世界卫生组织（WHO）规定了食品（粮食、肉类、乳类、蛋类、瓜果、蔬菜、食油等）中的农药残留量。美国、日本、俄罗斯等也规定了许多污染物和农药在生物体内的残留量。中国颁布的食品卫生标准对汞、砷、铅等有毒物质和一些农药等在几十种农产品中的最高容许含量做出了规定。从建筑室外环境质量层面看，生物质量标准适用于环境建设用地生物质量的评价与管理。

6.3.4　声环境质量标准

国家标准《声环境质量标准》（GB 3096—2008）是为贯彻《中华人民共和国环境噪声污染防治法》，防治噪声污染，保障城乡居民正常生活、工作和学习的声环境质量而制定的标准。它是对《城市区域环境噪声标准》（GB 3096—1993）和《城市区域环境噪声测量方法》（GB/T 14623—1993）的修订，本标准自2008年1月1日起在全国实施，原 GB 3096—1993 和 GB/T 14623—1993 同时废止。

与原标准相比，《声环境质量标准》（GB 3096—2008）主要修改内容如下：

1）扩大了标准适用区域，将乡村地区纳入标准适用范围。

2）将环境质量标准与测量方法标准合并为一项标准。

3）明确了交通干线的定义，对交通干线两侧四类区环境噪声限值作了调整。

4）提出了声环境功能区监测和噪声敏感建筑物监测的要求。

本标准由县级以上人民政府环境保护行政主管部门负责组织实施。为实施本标准，各地应建立环境噪声监测网络与制度、评价声环境质量状况、进行信息通报与公示、确定达标区和不达标区、制定达标区维持计划与不达标区噪声削减计划，因地制宜改善声环境质量。

从建筑室外环境质量层面看，《声环境质量标准》（GB 3096—2008）适用于其环境建设用地声环境质量标准的评价与管理。

6.3.5　电磁环境控制限值

中国有关电磁环境标准的制定，采取国际上对未知因素可能产生不利影响而推荐的"谨慎的预防原则"，且参考 ICNIRP 标准并留有一定裕量，制定了比 ICNIRP 暴露限值更严格的标准。

1988 年 3 月 11 日国家环境保护局发布了《电磁辐射防护规定》（GB 8702—1988）。

　　1989 年《作业场所微波辐射卫生标准》被正式批准为国家标准，其限值为 0.4mW/cm²。同年批准的《环境电磁波卫生标准》提出了电磁辐射污染的二级容许限值。其中一级标准为安全环境，在这种环境下长期居住、工作和生活的一切人群（包括婴儿、孕妇和老弱病残者），其健康不受影响。家居环境就适用一级标准。二级标准为中间环境，长期居住生活在这种环境地区的人群，可能会产生潜在性不良反应，对易感人群引起某些不良影响，故需加以限制。超过二级标准以上的环境，则可对人体带来有害影响，室外环境只可用做绿化和种植农作物，另外建筑室内环境则需采取防护措施。

　　而《电磁环境控制限值》GB 8702—2014）是对《电磁辐射防护规定（GB 8702—1988）和《环境电磁波卫生标准》（GB 9175—1988）的整合修订，于 2014 年 9 月 23 日由国家环境保护部与国家质量监督检验检疫总局联合发布，2015 年 1 月 1 日开始实行，原两个标准同时废止。

　　随着电子技术的快速发展，现在的城市的电磁环境早已不同往日，同样室内电磁环境也会有所变化。通过对有关电磁环境标准的分析，使人们能够加深对室内电磁辐射污染的认识，这对于保障公众健康，净化室内空间环境质量具有十分重要的意义。

第 7 章　绿色建筑及室内环境设计的创作实践

纵览绿色建筑及室内环境设计创作实践探索的发展可知，国外从 20 世纪中后期开始，生态与建筑相结合的思想和方法便不断涌现，并出现了许多理论和实践探索的成果。如英国著名环境设计师麦克哈格的《设计结合自然》，罗马俱乐部的《增长的极限》，美国 20 世纪研究人与自然环境相互影响的最杰出的思想家之一约翰·奥姆斯比·西蒙兹的《大地景观》，加拿大迈克尔·哈夫的《城市与自然过程》等。这些理论、观点有力地推动了城市建筑领域内的生态设计实践活动（图 7-1）。出现了美国诺次大学设计并建造的四居室生态房与在南加利福尼亚大维寺海岛上所建生态村，在芝加哥建成雄伟壮观的生态楼，以及其后所建新型太阳能建筑与资源保护屋；加拿大的健康居住建筑和节能、环保办公楼；德国的零能耗住房、汉诺威"莱尔草场"住宅区的"植物生态建筑"；英国的 BRE 办公楼、蒙特福特大学女王楼、伦敦市政厅、豪其顿生态住房项目，以及诺丁汉大学朱比丽生态校园、零碳住宅等；荷兰政府大力推广环保屋，丹麦积极实施健康住宅工程，瑞典首推"生态循环城"计划，并率先进行了"生态镇"的试点，而且取得了较大成功（该镇与同规模城镇相比，能源消耗只占 5%）等。

图 7-1　国外绿色建筑及室内环境设计创作实践成果

a）加拿大健康居住建筑室内环境　b）英国诺丁汉大学朱比丽生态校园
c）新加坡国家图书馆绿色办公楼　d）日本太阳方舟光伏建筑及其造型

在亚洲，日本率先提出了建设大生态回廊都市构想，并以"太阳能"建筑及室内环境的设计实践探索跻身世界生态建筑设计前列。在东南亚国家起步较早的有马来西亚建筑师杨经文、印度建筑师查尔斯·柯里亚等，虽尚未提出系统的理论体系，但已就具体实践开展了行动。

当前在我国，对绿色建筑及室内环境设计的理论和实践探索正方兴未艾。我国幅员辽阔，各地生态因素不尽相同，生态建筑设计的研究领域相当广泛，由此也产生了许多结合具体地域特点的生态建筑设计理论及实践，如四川成都府南河活水公园、广州"人工湿地"的试点研究，陕西延安黄土高原绿色住区模式研究构想、北方严寒地区节能建筑研究和实践探索等（图7-2）。未来的建筑与室内环境设计是与生态息息相关的，只有坚定不移地走持续发展之路，人类的明天才会更加美好。

图7-2　国内绿色建筑及室内环境设计创作实践成果

a）四川成都府南河活水公园　b）陕西延安黄土高原绿色住区

7.1　国外设计创作实践解析

世界各国的绿色建筑及室内环境设计形式可以说是多种多样，或突出可再生能源的利用，或突出材料、水等资源的保护，或突出室内环境的健康等。以下为具有代表性的绿色建筑及室内环境设计作品。

7.1.1　英国伦敦贝丁顿零碳社区

英国伦敦贝丁顿零碳社区位于伦敦西南的萨顿镇，占地面积1.65ha，其中包含99套公寓和2500m² 的办公和商住面积，是2001年英国建筑师比尔·邓斯特在伦敦郊区设计的全球首个零碳排放的生态社区，于2002年完工。社区内通过巧妙设计并使用可循环利用的建筑材料、太阳能装置、雨水收集设施等措施，成为英国第一个，也是世界上第一个CO_2零排放社区（图7-3）。曾获得可持续发展奖，被列入"斯特林奖"的候选名单，是上海世博会零碳社区的原型。

图 7-3　英国伦敦贝丁顿零碳社区建筑及内外环境设计实景

　　这个社区就像是一个小小的生态系统，居民们将废弃物、阳光、空气和水都充分地循环利用。社区低能耗的一个主要原因就是它的发电站发挥了巨大作用，发电的燃料主要是附近地区的树木修剪的废料，往常这些废料会被丢弃，成为城市的负担。如今这些废料既可以产生能源，又可以解决垃圾处理的问题，所以在长期的规划中，发电所需要的木屑都会来自于临近的生态公园的速生林。每年砍伐其中的三分之一，作为燃料，然后继续补种新的树苗，以此循环。在燃烧的过程中释放的 CO_2，会被周围的树木吸收，以此达到社区零碳排放的效果。贝丁顿零碳社区的设计者比尔·邓斯特说："这是一个全方位的永续发展社区，我们要创造的是一个全新的生活方式，设计一个高生活品质、低能耗、零碳排放、零废弃物、再生能源生物多样性的未来。"

　　贝丁顿社区在建造过程中就地取材并大量使用回收建材，从而大大降低了建造成本。建筑 95% 的结构用钢材是从 50km 内的建筑工地回收的，其中部分来自一个废弃的火车站。许多木料和玻璃是从附近的工地上捡回来的。这些建筑的墙壁厚度超过 50cm，中间有一层隔热夹层，防止热量流失。建筑的屋顶上还有一排排五颜六色的"烟囱"，这些是以风为动力的自然通风管道的风帽。风帽的一个通道排出室内污浊的空气，而另一个通道则将新鲜空气输送进来。在此过程中，废气中的热量同时对室外寒冷的新鲜空气进行预热，最多能挽回 70% 的热通风损失。

　　设计者比尔·邓斯特说"我必须给每一个居民一个花园，必须建立零碳排放的生态社区，这在当年是史无前例的。"由此，社区建筑的屋顶还种植了大量的景天科植物，以达到自然调节室内温度的效果。冬天，景天科植物成为防止室内热量流失的绿色屏障；夏天，这些隔热降温的绿色屏障上还会开满鲜花，把整个贝丁顿装扮成美丽的大花园。

贝丁顿社区的真正创意在于它为居民提供了全新的生活模式，在全世界对能源问题高度关注的今天，英国贝丁顿生态社区的建成和杰出表现，让人们看到了希望，也许它就是人类未来居住模式的雏形。

7.1.2 美国戴尔儿童医疗中心

坐落于美国德克萨斯州中部奥斯汀市的戴尔儿童医疗中心（Dell Children's Medical Center of Central Texas）为医疗空间设计领域的先驱，率先取得了 LEED 认证，这家医院于 2007 年 7 月开业，呈现给世人一种开创性的医院设计理念（图 7-4）。

奥斯汀市因致力于推进绿色建筑的实践活动而闻名于世，戴尔儿童医疗中心设施一应俱全，拥有门诊、急诊、治疗及影像检查等多个部门和 169 张病床。医院建筑整体设计具有独特的视觉美感，并在很大程度上降低了建筑对周围环境的消极影响。作为绿色医院领域的标杆，戴尔儿童医疗中心从规划设计到建造的全过程，低碳、节能、环保和可持续的理念均贯穿其中，主要表现在以下几个方面：

（1）对健康原则的体现

通常对绿色设计的追求，不应以牺牲医院的基本功能，即治病救人为代价。好的医院环境能在保证医护质量、缩短病人康复时间及提高医护人员工作满意度等方面起促进作用。戴尔儿童医疗中心的设计是健康原则和 LEED 评价标准的有效结合，具体体现在对自然光及景观的利用和室内空气质量的控制上：

医疗中心对自然光及景观的利用主要通过 6 个风格各异的庭院来获得，庭院的功能首先保证了建筑内部大部分区域（手术室、影像室及设备用房等除外）均有自然光线覆盖，减少了不必要的人工照明；其次庭院给病人及医护人员提供了接触和观赏自然的机会，同时，自然要素能使长期处于紧张状态的医护人员暂时舒缓压力，提高工作效率，减少医疗事故的发生；再者，作为整个建筑组群的"绿肺"，庭院提供了大量富氧的新鲜空气，后者经过处理由中央空调系统进入室内循环。而庭院吸纳新风也是实现节能目标的一个重要举措。另外，医院所在城市奥斯汀夏天的气温高达 45℃，庭院的温度要比屋面低 10℃ 以上，由此减低了中央空调的运作负荷。

医疗中心在室内空气质量保障上，主要通过中央空调系统从庭院中导入大量富氧的新风以更新室内空气，采用的高效空气微粒过滤器可以吸附直径小至 0.3μm 的有害微粒及微生物，有效控制其在空气中的传播。另外，在室内装修材料方面也制定了严格的标准：使用无挥发性有毒化合物（VOC）的油漆；选用亚麻油地毡作为主要地面材料而非医院里常用的聚乙烯塑料，使其极易清洗，并使医疗中心落成后室内没有一般新建筑常有的异味。

图 7-4　戴尔儿童医疗中心建筑及室内环境设计实景

（2）采用能源供应及节能设施

医院均为全天候满负荷运作的机构，比其他类型建筑耗能更大。戴尔儿童医疗中心运用的节能措施包括利用太阳能、安设热回收系统以及采用高能效设备等。尤为值得一提的是，奥斯汀市政府出资由奥斯汀能源公司在基地上兴建专为医疗中心提供暖气、冰水和电力的供能中心。这个供能中心利用天然气发电，效率比燃煤高 75%，CO_2 的排放量也要低得多。再者，供能设备邻近主体建筑，避免了长距离输送引起的能量损耗，也节省了应急发电机的购买与安装费用。另外，医疗中心还利用两条专用线路与城市电网连接，以便在供能中心发生故障或维修保养时直接从城市电网取电。

（3）一体化设计的应用

一体化设计伴随可持续发展建筑概念的提出而产生和发展，并在世界范围内广泛应用。其实质是在设计的过程中，综合各专业（如建筑、结构、水电、施工等）技术力量，共同合作，力图把各方面的产出效益最大化。

戴尔儿童医疗中心项目在设计伊始，卡尔斯伯格事务所的设计师和怀特公司的施工负责人组成了一个团队，并邀请多位知名专家对一体化设计进行研讨。其后该团队每四周在施工现场开会讨论工程和组织协调问题，明确近期目标及细化各成员的责任，并从经济和环境角度测算与 LEED 相关的工程效益。而一体化设计的实施有利于团队在设计和施工过程中及时发现问题，寻求令各方满意的最佳解决设计方案。

此外，还有建筑材料、投资回报等方面，戴尔儿童医疗中心在绿色建筑及其室内环境设计中均做出有益的探索。作为全球首家 LEED 铂金认证的绿色医院，戴尔儿童医疗中心从规划、设计和建造的过程中严格地遵循了健康及绿色原则，为绿色医院的建设提供了参考。

7.1.3　德国法兰克福商业银行总部大楼

由诺曼·福斯特（Norman Foster）1994 年担纲设计的法兰克福商业银行总部大楼，位于德国法兰克福，摩天大楼于 1997 年竣工。这幢三角形高塔是世界上第一座高层生态建筑，也是全球最高的生态建筑，同时还是目前欧洲最高的一栋超高层办公楼（图7-5）。

法兰克福商业银行总部大楼堪称运用中庭原理来充分利用自然光和自然通风的典范，该建筑主体高 298m，建筑平面为等边三角形，边长 60m，三角形每边均呈弧形向外凸出，以获得更多的办公空间。电梯、楼梯和服务设施则位于三角形的三个角端。除了采用双层玻璃等具体的生态技术手段，建筑在平面与空间形态上的生态策略主要体现在中庭的创造性处理上。

在这座建筑中，福斯特打破了一般建筑中庭一通到底的传统做法，他将塔楼分为5段，三角形建筑的侧边每隔 8 层便设置一个 4 层的花园，花园在平面上按顺时针方向螺旋式上升轮流设置，使建筑中几乎每一个办公室都有直接采光和良好的自然通风。来自这些花园的新鲜空气通过中部的三角庭，输送给周围的办公室。朝向不同的室内花园种植了不同品种的植物，植物不仅使空气中的氧气含量增高，而且更重要的是为大厦的使用者提供了宜人的环境。室内花园营造了一个个绿意盎然的楼层，在那里人们还可以眺望四周的城区，景色极为壮观。这一巧妙的生态性构思，直接导致了建筑外部螺旋式上升的虚实关系，同时也构成了室内独特的中庭空间效果。而双层玻璃的采用，保证了建筑良好的保温隔热性能，又使建筑具有极好的透明性。法兰克福商业银行办公楼像是将常规办公楼切开，将内部露出，将通常布置在核心筒内的电梯、楼梯、洗手间等布置在三角形塔楼的转角，中间则留下一个由系列空中花园围绕着的中庭空间。通过这些做法，自然光线和新鲜空气进入塔楼中空的核心部分和面向它的一个个办公空间，进而到达建筑的各个部分，使人们获得与植物亲近以及在半室外空间交流的机会。

图 7-5　德国法兰克福商业银行总部大楼建筑及室内实景

　　建筑中所有的窗户都可手动倾斜打开，每扇窗户的外边都另外装有一片玻璃，上下都留有空隙以便通风，同时可以阻止风雨的侵入。当外界气候无法保证自然通风时，中央控制系统会关闭所有的窗户，同时启动中央空调系统。花园的玻璃只有一层，中庭成为内部办公室的通风井。每隔 12 层设置的水平玻璃隔断可使上升的热空气通过花园排到室外，并能防止过度的向上拔风。

　　除了贯通的中庭和内花园的设计，建筑外皮双层设计手法同样增加了该高层建筑的绿色性。外层是固定的单层玻璃，而内层是可调节的双层 Low-E 中空玻璃，两层之间是 165mm 厚的中空部分。在中空部分还附设了可通过室内调节角度的百叶窗帘，炎热季节通过它可以阻挡阳光的直射，寒冷季节又可以反射更多的阳光到室内。室内外的空气可进入到此空间，完成空气交换。另外，法兰克福商业银行总部大厦还配备了建筑管理中控系统（BMS control），大厦室内的光照、温度、通风等均可通过自动感应器进行监测，并做出与其相适应的调整。

7.1.4 日本 Yamanakako 的纸质住宅

日本建筑师坂茂从 20 世纪 80 年代开始就潜心研究纸质材料的特性，探索纸质材料作为建筑元素的可能性。虽然纸在结构体系中的应用还有较大的困难，但纸质材料还是可以像木材那样，在经过处理后达到防火、防水、防潮等功能，用作建筑的非结构元素。纸质材料很容易回收再利用，也很经济，这使得建筑师在遇到要求快速、低成本的建筑设计时，可以把纸这一元素应用到设计之中。同时，纸质材料还是一种值得探索的新型绿色建筑材料。

坂茂的第一幢经过官方许可的永久性纸结构建筑是 1995 年的纸质住宅（Paper House，Lake Yamanaka，Yamanahi）。该住宅为占地面积 110m^2 的居住建筑，110 根高 2.7 m、直径 275mm、厚 148mm 的圆筒纸管排列而成的 "S" 形墙体限定了室内和室外空间。其中 10 根纸管承担竖向荷载，80 根室内的纸管承担水平荷载，这些纸管在底部用胶合板十字节点通过螺栓固定在地基上。较大的圆弧限定了主要的起居空间，较小的圆弧限定了浴室和天井。一个纸筒独立地竖在住宅的一角，既承担结构作用，又容纳了卫生间。这幢住宅中除了独立的厨房操作台，推拉口和可移动的壁橱外没有任何家具，纸筒柱支撑的水平屋面和出挑的基座形成的水平感得到加强，并使室内外空间融为一体。坂茂在这幢实验性的住宅中实现了简洁的造型和诗意的空间，他刻意隐藏了主要的节点，对纸管的质感进行了纯粹的表达（图 7-6）。这幢住宅得到了官方的许可，使坂茂的纸管建筑步入正轨，并得到了更多的关注。

建筑采用推拉式玻璃门作为外墙，如果将玻璃外墙全部移开，建筑就成为一个名副其实的亭子。当然，主人在必要时也可以拉上帆布窗帘以保护自己的隐私，同时增加外墙的隔热、隔声性能。设计师通过水平元素的运用和精致的木质家具获得了室内和周围景观之间的空间连续性。该建筑也是现代简约概念的一个生动例子，室内空间的限定元素被简化到了极点。

建筑室内外空间之间的联系始终是坂茂关注的设计主题。在这个案例中，巨大的玻璃墙可以完全打开，使得建筑与室内空间完全向室外敞开。为了进一步强调这种关系，设计师还将室内地坪向外延伸，做成悬挑式平台，使得建筑与周围环境之间的关系更为亲近。光线和视线都可以从纸筒之间的缝隙中穿过，从而使所限定的室内空间与周围环境之间形成一种十分微妙的关系，纸筒墙体的巧妙布局，使得室内外空间相互流通，相互渗透。综上可知，纸管墙能营造出强烈的韵律感，有着良好的视觉效果，并可以突出"纸"的存在。但纸管墙体系对材料的使用率不高，从数量上说大多数的纸管存在是为了抵抗水平荷载或是纯粹起围合作用，只有少数的纸管承担垂直荷载。同时这一体系中，必须要有较为复杂的节点对地面、围合和屋面等要素进行连接，对其他材料的依赖非常大。此外，大量纸管的安装需要大量的节点，还需要相对较长的施工时间。所以某种程度上说这是一种较为耗费材料以及人工的体系，它可以说是坂茂在早期对纸作为结构材料的探索，和对"纸"进行强烈表达的愿望的结合体。

图 7-6　日本建筑师坂茂 Yamanakako 的纸质住宅

7.1.5　瑞士国际自然保护联盟总部保护中心

国际自然保护联盟（International Union for Conservation of Nature），简称 IUCN，是世界上规模最大、历史最悠久的全球性非营利环保机构，也是自然环境保护与可持续发展领域唯一作为联合国大会永久观察员的国际组织。1948 年在法国枫丹白露（Fontainebleau）成立，其总部位于瑞士美丽的日内瓦湖边小城格朗德（Cland）。作为当今世界政府及非政府机构都能参与合作的少数几个国际组织之一，该联盟拥有超过 1000 个政府和非政府组织会员，以及来自 160 多个国家的超过 11000 名志愿科学家团队，在全世界设立了超过 60 个办事处，有 1000 余名专业员工，并有来自公共领域、非政府组织以及私人部门的上百个合作伙伴。

伴随着国际自然保护联盟的发展及使用功能的复合，在联邦政府 50 年无息贷款以及地方政府和众多企业团体的支持下，于 2006 年启动了集办公、图书馆、展览、会议培训中心和咖啡厅等于一体的保护中心扩建工程。扩建设计由瑞士苏黎世联邦高等工业大学的 MareAngelil 教授所领导的 AGPS 建筑设计事务所主持，该工程于 2010 年 3 月建成。其项目通过了目前全球绿色建筑最高标准 LEED 铂金级和瑞士 MINERGIEPECOR 的认证，代表了当前欧洲可持续建筑的高水准（图 7-7）。

国际自然保护联盟总部中心与其主体机构的目标是保护环境与自然，即采用一系列的设计措施尽量减少能源和资源的消耗，以确立出新的建筑标准。其中总部办公楼的西南侧为联盟示范花园，为尽可能保留这个花园，也为取得较小的体形系数，建筑采取了与原有建筑相似的正方体形，入口即设在新旧结合的连廊处。78m×48m 的二层体量因设置了两个院落，使其主要使用空间进深达到 16m 宽，这一合理尺寸保证了室内良好的自然采光和通风条件。主要交通以三个楼梯为核心，宽宽的走道成为人们可以轻松交流的空间。所有办公空间都直接对外，可以直接通向建筑周边的阳台，这就可以实现室内消防疏散设施的简化，同时室内空间可以做到最大限度的开放和灵活。而在国际自然保护联盟总部中心素色的建筑内部空间，其室内布置有颜色鲜亮的家具，由瑞典 Kinarps 公司捐赠，该公司是全球为数不多的具有从原材料到成品制作安装生产链的家具制造商。他们的原木材料采伐都是在有监测的条件下进行，或直接来自有认证的轮伐、轮植林。产品运送中使用的保护外皮是可以反复回收使用的，家具包装尽量简洁，包装材料也可回收。

另外，联盟总部保护中心的阳台也成为其内外气候调节的缓冲带，夏天能遮阳，冬天则能保证较多的日照。阳台与同层楼板间的构造是脱开的，因而不致产生冷热桥。建筑师用大量建筑设计方法减少建筑对技术的依赖和对能源的需求，用被动的设计手段减少主动技术的运用，以降低建造和运行使用的成本。

在瑞士，可再生能源的利用一直是其绿色建筑认证的重要指标。国际自然保护联盟总部中心建筑组群整合了太阳能利用、地热能利用和水资源处理等技术，最终实现了建筑 100% 的能耗取自于可再生能源。由于场地与正南向形成了一定的角度，因而为顺应最佳的日照方向，水平延展的平屋面上的太阳能光伏发电板组是斜向有序排列的，既可达到最大的太阳能光电转化效应，又形成了富有韵律和特点的建筑造型，体现了技术和艺术的完美结合。每一组太阳能光电板一年产出的电量 27% 用于建筑自身的运行，其余的可贡献给市政电网。这套价值 100 万瑞士法郎的太阳能系统是由设计师和 Romande Energie 公司合作设计的。由于在太阳能的建筑一体化利用方面做出了创新性的探索，使该建筑荣获了 2010 年度瑞士太阳能大奖。

7.2 国内设计创作实践解析

7.2.1 上海沪上·生态家及其改造

沪上·生态家是一幢以绿色生态为理念的绿色"三星建筑"，建筑地上 5 层，地下 1 层，建筑高度 20m，建筑用地面积 774m²，建筑总面积 3147m²。"沪上"代表着这个项目立

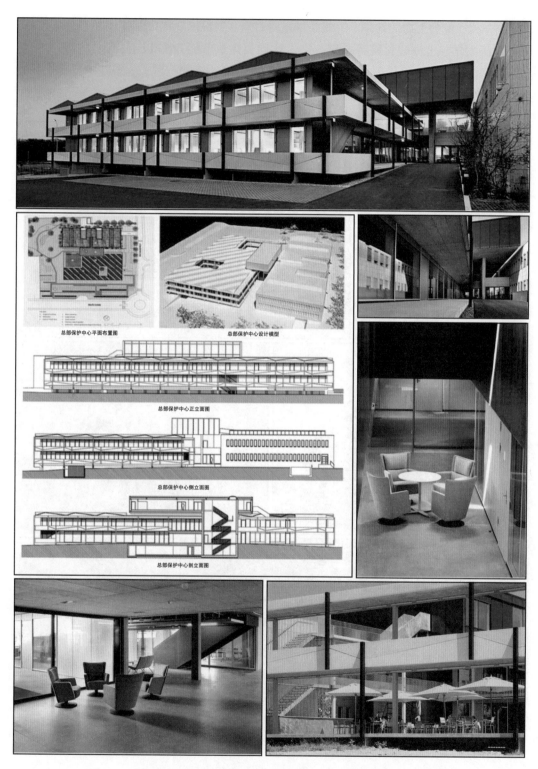

总部保护中心平面布置图

总部保护中心设计模型

总部保护中心正立面图

总部保护中心侧立面图

总部保护中心剖立面图

图 7-7　瑞士国际自然保护联盟总部保护中心设计及内外环境设计实景图

足上海本土,专为上海的地理、气候条件量身打造,项目由现代设计集团承担总承包商,联手同济大学、上海建科院等共同打造。比同类建筑节能 60% 以上,让"生态"二字实至名归。而"家"则代表着设计团队将给观众带来的感觉,是"生态技术"优化下的"屋里厢"生活的自在温馨和舒适(图 7-8)。

图 7-8　曾代表上海参展 2010 年上海世博会的实物案例项目沪上·生态家,现已经变身成为上海现代建筑设计集团的创作研究中心

根据流体力学原理设计的"嵌"在整座建筑之中的"生态核",将四面八方的风进行"优化组合",并通过植物过滤净化系统,使得四季室内空气保持畅通清新。"生态

核"顶部设计开合屋面，在加强自然通风效果的同时，增大室内采光效果。屋顶安装的"追光百叶"可以跟随太阳角度的变化而自动转变角度，一方面起到遮阳作用，另一方面反射环境光，提高室内照度。在室内光线达不到照明标准时，窗帘百叶会自动调整，同时室内灯光会自动亮起，而其动力则来源于太阳能薄膜光伏发电板、静声垂直风力发电机等所产生的清洁能源。利用旧砖砌筑的"呼吸墙"，为建筑墙面穿上一层"空气流动"内衣，可以降低墙面的辐射温度，起到调节室内温度的作用。

生态家中的两个电梯一个是势能回收电梯，在上上下下之间，所产生的"势能"不经意间被储存；另一个则是变速电梯，可以根据电梯乘客的多少来控制电梯速度。"聪明屋"的外表种植容易拆卸更换的模块式绿色植物，使"聪明屋"如大自然般清新可人，这些植物不用人特别照顾，智能化装置控制的"滴灌"技术将根据植物所需的水量来进行有目的的"滴灌"，用最少的水资源将植物"喂"得恰到好处。建筑材料源于"回收材料"。立面乃至楼梯踏面铺砌的砖，是上海旧城改造时拖走的砖。内部的大量用砖是用"长江口淤积细沙"生产的淤泥空心砖和用工厂废料"蒸压粉煤灰"制造的砖；石膏板是用工业废料制作的脱硫石膏板。此外，木制的屋面是用竹子压制而成，竹子生长周期短，容易取材，可以避免木材资源的耗费。"聪明屋"的阳台制作也采取了"工厂预制、整体吊装"的方式，以把建造污染降到最低。

另在沪上·生态家里，分成"过去""现在""未来"三个板块，通过图片、影片、还有特殊互动方式，为观众展示"风能发电""光伏发电"等前沿的生态技术，让人们感受与体验未来人居生活。

沪上·生态家的室内设计，通过空间环境塑造与建筑技术、材料运用，展示了与都市居住生活密切相关的节能减排、资源回用、环境宜居、智能高效四大技术体系在"过去、现在和未来"的应用情况。项目代表上海参展 2010 年上海世博会，期间吸引了近百万的中外参观者。

世博会结束后，伴随后世博效应，沪上·生态家迎来自身的改造，变身成为上海现代建筑设计集团的创作研究中心，是一栋主打绿色、自然的"最美办公楼"，重新焕发出其生命力。经过改造后的沪上·生态家，保留设计之初即有的"绿色、节能、地域性"的建筑属性，打造成一栋会呼吸的建筑空间，并在此基础上，改造为满足各部门对办公、会议、以及科研成果展示等多样化空间需求的，环境与创作、科研有机结合的人性化和谐空间。

走进改造后的沪上·生态家内部，第一眼的感觉是通透敞亮。室内四分之三是一层层的办公空间，还有四分之一，从地下一层到顶层全部打通，缀以餐桌、楼梯、休憩区域，丝毫没有普通办公楼的压抑。顶棚和外墙是透明的，一抬头就能看到外面满墙的植物。建筑顶层当初做展馆时仅作为设备层使用，现设备也被集中起来，多出来的空间改成了"空中花园"。另外，从地下室到露台，到处都有充满灵性的空间。在爬藤植物和"城市最佳实践区"等建筑衬托下，均能让在其间的人们享受到自然变化带来的美，感受到这栋绿色建筑的自由呼吸和设计灵感。

7.2.2　中粮万科长阳半岛 11 号地工业化住宅

中粮万科长阳半岛 11 号地工业化住宅项目位于北京市房山区长阳镇，地处京西永定河西岸生态敏感区，其周边生态环境优美，毗邻轨道交通房山线长阳站，依托轨道交通给予居民便捷的公共交通。该项目采用装配整体式剪力墙结构形式，为中高层住宅（图 7-9），附属配套有人防地下室、车库、机电用房等，主要采用了以下设计策略：

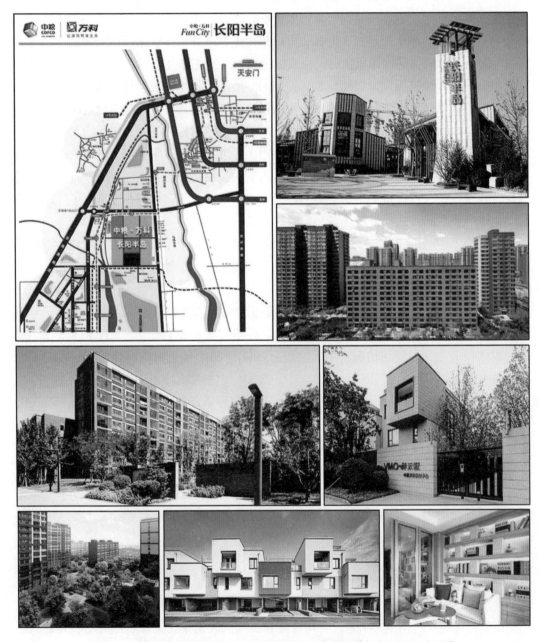

图 7-9　中粮万科长阳半岛 11 号地工业化住宅建筑及内外环境设计实景

（1）结合地块特征进行住区绿色规划

特别是在交通规划方面，项目选择用地东北角为小区的步行入口，且于入口集中设置商业配套服务设施，同时可将人流引入小区内部组团间南北贯通的集中绿带，注重创造与城市轨道交通衔接的步行交通空间，形成人车分流并结合集中绿化景观的回家流线，使居住者享受到出地铁后最后 1km 安全便捷、舒适惬意的步行体验，鼓励居民步行出行，以减少私家车的使用。

（2）绿色景观和场地规划

在园林种植设计中采用复层绿化方式，以增加乔木种植量，同时也保证了小区内平均热岛强度的均衡分布。

（3）运用装配式建筑被动节能设计

项目采用装配式剪力墙结构，其外墙均采用"三明治式"的夹心保温构造做法，由内叶墙板和外叶墙板组成，内叶墙板上下通过套筒灌浆的机械连接接头连接；左右通过预留钢筋形成的现浇节点进行连接；在内外叶墙板之间按节能标准设计相应厚度的保温层，并通过专用的连接件进行连接。这种构造不仅有良好的保温性能，而且具备很好的热惰性，实现了冬暖夏凉"绿色居住"的目标。

（4）采用"集中集热——分户储水——分户使用"的太阳能热水系统

该系统满足整个住区的供应需要，实现共享，集中高效利用资源。

（5）在一体化精装中体现装配式技术应用

将主体结构、装修部品和设备设施的工业化高度集成，真正实现了全面提高住宅性能和居住的品质。该工程的亮点之一在于通过设计创新和技术进步，实现了除楼梯外墙之外的整体外墙的预制装配。整体外墙的预制装配使外墙以外的施工工序都在工厂完成，现场无须搭设外脚手架，实现"无外架施工"。有利于节省现场施工材料、减少人工投入、节省工期，实现"绿色施工"。

此外，结合物业管理措施，还采用了垃圾分类收集和万科物业的专用厨余垃圾处理系统；中水用于冲厕、绿化、景观，传统水源利用率达到 30.4%，节水器具使用率 100%；地下车库设置导光管及小型照明智能控制系统；采用太阳能草坪灯、路灯等绿色环保技术和措施来推进绿色工业化，节约资源，保护环境的美丽家园。

7.2.3　北方乡村生态屋设计探索

中国北方地区气候冬季严寒漫长，夏季凉爽短促，乡村住宅多为传统的 490、370 砖房及一部分生土建筑，近年来在新建住宅方面除了装修上有所更新，其他方面并未有大的改变，冬季室内居住质量远未达到舒适与节能要求，且围护结构结露、结冰霜程度严重。在建筑四角处，由于冬季长期结露，墙体内表面发霉，严重影响了室内的使用和美观，为此进行北方寒冷地区乡村住宅绿色设计探索就显得非常必要（图 7-10）。

图 7-10　北方乡村生态屋设计及建筑内外环境空间实景

　　北方乡村生态屋设计探索本着"以人为本"的精神，满足人的舒适、健康和便利，符合农民生活、生产、学习与工作方式，同时尊重当地风俗习惯。北方乡村各方面条件相对落后，农民居住质量较差，许多农户冬季薪柴不够维持室内达到舒适温度，全家人只能围绕火炕活动休息。因此适应当地经济条件、气候与地理特点，力争在恶劣的条件下创造舒适的居住空间与物理环境是本项目的主要目标之一。

　　由于北方严寒地区乡村经济发展水平较低，住宅建设相对滞后，缺乏配套的基础设施，多数地区的住宅施工仍停留在亲帮亲、邻帮邻的传统的低技术手工状态，缺少专业施工队伍。对于偏远地区，由于道路交通不发达，更加阻碍住宅建设的发展。因此北方乡村绿色住宅建设，首先应适应当地的经济条件和生产力发展水平，根据当地的施工技术、运输条件、建材资源等来确定建筑方案与技术措施，尽可能做到因地制宜，就地取材，采用本土技术，降低建造费用。可以说，只有在本土技术的基础上，才可能发展为完善的生态技术。

　　根据我国北方严寒地区乡村住宅建设的现状分析，适宜北方乡村生态屋设计的生态技术主要包括可再生资源利用技术、节能技术、改善室内气环境等技术。其中可再生资源利用技术主要包括太阳能的充分利用、当地绿色建材的开发；节能技术主要包括控制住宅建筑对流热损失、进行住宅建筑热环境的合理分区、减少建筑的散热面、提高围护结构的保温性能及建立高效舒适的供热系统；而改善室内气环境技术主要是设计适应北方严寒地区乡村住宅建筑室内环境特点的自然换气系统，该系统主要为室内补充新鲜空气，其关键技术包括自然对流、根据需求调节流量、避免空气过冷、影响室内热环境。同时为避免过冷空气进入室内，将取气口设在门斗，通过埋入地层的三条管线进入厨房与卧室，为室内补充必需的氧气。其中，进入卧室的两条管线采取贴近炉灶的办法以使冷空气预热再输送给卧室，在进气口均设有可调节的阀门以控制风量。

改进后的北方乡村生态屋设计，不仅提高了居住的舒适度，减少了能源的使用，而且还相应减少了 CO_2 排放与对环境的负面影响。同时由于所选用的保温材料是农作物废弃物，是取之不尽、用之不竭的可再生绿色材料，既减少了加工运输保温材料所带来的能耗和污染，也减少了每年烧稻草所带来的大气污染。

生态屋从功能使用到立面形象均受到当地农户的一致好评，所采用的技术适合于北方严寒地区乡村的恶劣条件。使用效果很好，已经在当地迅速推广。并且通过北方寒冷地区乡村生态住宅评估体系评价。

7.2.4　深圳中山大学附属第八医院绿色更新改造

中山大学附属第八医院（简称中大八院）地处广东省深圳市中心城区——福田区，是目前中山大学唯一一家坐落于深圳市的直属附属医院。医院院区位置优越，环境优美。坐拥"城市绿肺"深圳市中心公园，是深南大道上具有地标性的医疗建筑。医院原为深圳市福田区人民医院，作为深圳市最早的医院之一，拥有 50 余年的发展历史。2016 年医院正式纳入中山大学直属附属医院管理体系，成为中山大学深圳校区重要组成部分。

中大八院拥有心血管内科、风湿免疫科 2 个市重点学科，7 个区重点专科，6 个区重点建设专科。心血管内科开展具有国内先进水平的临床诊疗工作，年收治患者数千例次，抢救成功率达 90% 以上。2014 年，胸痛中心成功通过国家级认证（全市首家）。风湿免疫科即香蜜湖分院，是华南地区首家风湿病专科医院，具有规模大、实力强、起点高、水平高的特点。从 2012 年起，医院经深圳市福田区建筑工务署委托，由中机十院国际工程有限公司与 CPG Consultants Pte Ltd（新加坡 CPG 咨询私人有限公司）进行建筑设计、深圳市汉沙杨景观规划设计有限公司进行景观设计、深圳市盛朗（室内）艺术设计有限公司进行室内设计，实施整体改造，以全面提升和拓展医院服务功能。并按照"整体规划、国际标准、全球招标"的原则，以国际先进医院为目标，打造国际化、人性化、智能化的绿色医院（图 7-11）。

中大八院建筑及室内环境设计强调以人为本、风格现代、形式简约、绿色环保，营造回归自然、只有鸟语花香、没有尘嚣市扰、融合现代科技为一体的优美医疗环境。以通过绿色建筑及室内环境设计的创作方式和大自然紧紧联结，给予病人患者可以舒展的空间，以体现关爱生命，尊重生命的设计理念。其绿色设计特色主要体现在以下几个方面：

（1）空间的人性化布局——病房做到一床一窗

医院环境是以人为对象的治疗和服务环境，从"人性化"出发，竭力体现对病人的关怀和尊重。既满足患者生理、心理与社会等层面的各种需求，又给患者提供身心愉快的环境感受。基于这样的考虑，中大八院在整体空间上采用人性化的布局形式，以使每位病人都能够享有一个病床，一个窗户的私有空间，把大自然的采光、空气引进室内，让每个病人都享受到大自然的美感，达到自然疗养的最大效益。

图 7-11　深圳中山大学附属第八医院建筑及室内环境绿色更新改造设计图

另外考虑遮风挡雨、采光和自然通风的需要，每个病房设计有一个种植露台，并将绿化的面积提升到立体绿化，让每个病房都呈现生机勃勃、人性化的医疗空间。同时，塔楼的不规则的设计，S 形的布局，都让每个病房的窗户立面朝向景观的视角，将深圳的城市景观尽收眼底。

（2）医院建筑及内外环境中的生态绿化

在医院环境中，自然要素的介入对患者康复有着不可替代的作用。生态绿化可以调节空间温度、释放氧气、过滤细菌、改善微气候，同时也可为患者提供户外活动空间，作为辅助医疗空间功能的生态绿化对患者的健康有着积极的影响。

在中大八院建筑组群，设计中运用绿色医院设计手法，包括底层的架空绿地、屋顶与平台绿化、空中花园等形式，以增大绿化面积与医院的空间层次感。医院内外设有空中绿化庭院、生态中庭与内院、绿化草坡和中心绿化等手段，以形成数个生态"绿源"，通过自然的手段调节医院内外环境的微气候，从而构成一个完整、丰富的空间绿化系统。在种植绿化方面，中大八院为城市提供一个立体的、多样性的绿化形式，做到"建设 $1m^2$ 用地就还给城市 $1m^2$ 绿地"的绿地覆盖率的目标。在植物配置上优先种植乡土植物，采用少维护、耐候性强的植物，以减少日常维护的费用；在植物配置上达到保持局部环境水土、调节气候、降低污染和隔绝噪声的目的。

（3）医院建筑及内外环境与自然的融合

新鲜的空气和阳光是生命的源泉和能量。而污浊空气中的尘埃携带大量致病细菌，会导致伤口感染和化脓。空气也是许多传染病的传播媒介，控制空气质量可以有效控制医院内的交叉感染。而医院建筑内外环境无论从生理和心理上与自然融合都是必需的，其形式包括：

自然采光是医院建筑内外环境与自然融合的主要形式，也是实现建筑节能的最佳途径之一。在中大八院建筑及内外环境设计中充分利用自然采光为诊疗办公空间提供舒适照明，其直接照射能节省约 10% 的照明能耗。另外在医院建筑及室内环境设计中主要采取两项措施控制光污染，其一是立面采用光电板加采光玻璃的幕墙形式避免光污染，其二是在附近的道路两旁栽种一定高度的树木，既作为绿化用途，又可作为遮挡眩光的屏障。

自然通风也是医院建筑内外环境与自然融合的主要形式，还是一种具有深度潜力的节能方式，它具有节能、改善建筑室内热舒适性和提高室内空气品质的优点。在春秋两季，中大八院打开建筑中庭顶部换气口，经中庭自然风把裙房屋面架空层的新鲜冷空气与塔楼里的热空气循环替换，由此可节约空调能耗 50%，中庭热舒适度保持在 29 ~ 31℃。在夏季，全部打开建筑中庭顶部换气口，可节约空调能耗 10%。用自然的通风、采光条件以及有组织的自然气流进行总体布局，形成有效舒适的医疗环境。使建筑可根据四季气温的差异自然调节建筑内部温度，让建筑成为"会呼吸的绿色建筑"。

（4）医院建筑内外环境设计中的资源节约

中大八院建筑及内外环境改造的目标就是立足节能环保，积极开发利用新能源、新技术，并结合当地气候条件和地质环境，打造低能耗、高能效的建筑。

在医院建筑及内外环境采用高标准的节水器具，包括坐便器、小便器、卫生间龙头、厨房龙头，节水量可以比一般的节水器具节水 20% 以上。采用可控制活动遮阳、高性能的外墙、屋面保温材料降低供暖空调负荷。另外太阳能作为清洁的可再生能源，无污染，可极大地减少二氧化碳排放。本项目采用真空管集热器太阳能系统，集热器设置在屋顶，用于提供办公楼的生活热水，生活热水的太阳能保证率达到 75% 以上。办公建筑的生活热水全部采用太阳能热水，可再生能源的使用量可以达 3% 以上。

2019 年 9 月，经过更新改造重新运营的中大八院，其建筑面积达到 21 万 m²，床位 1500 ~ 2000 张，停车位 1200 个，医院不仅为辖区居民提供具有自身特色的基本医疗服务，还为境外人士提供一流水准、国际水平的高端医疗服务，且已成为具有一定知名度、较强竞争力的现代化三甲医院（图 7-12、图 7-13、图 7-14）。中大八院建筑及内外环境经过改造设计，形成建筑与绿化相辅相成，既整体又层次鲜明。除传统医院提供的诊疗功能外，还能够满足患者的精神需求，展现了医院建筑及其内外环境的多功能性。本着技术新颖实用且经济适用的原则，为人们提供了一个集健康、绿色和高效于一体的医院。

图 7-12　深圳中山大学附属第八医院建筑及室内环境绿色更新改造落成实景之一

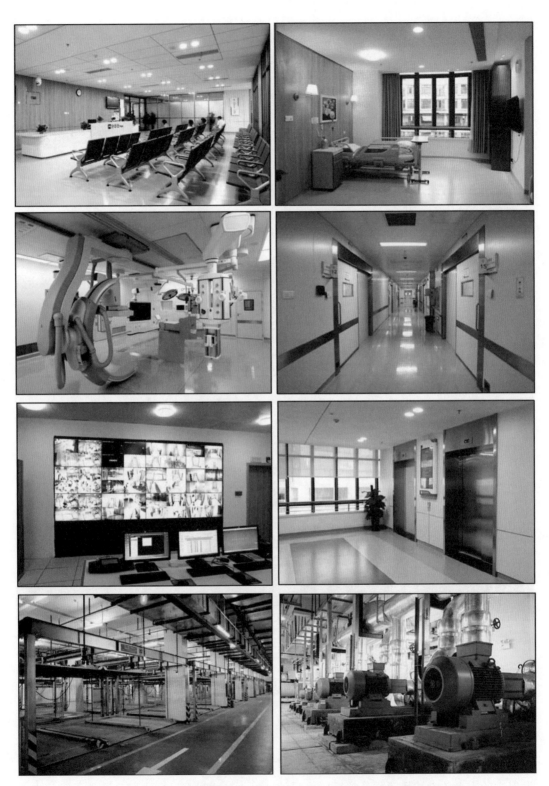

图 7-13　深圳中山大学附属第八医院建筑及室内环境绿色更新改造落成实景之二

图 7-14　深圳中山大学附属第八医院建筑及室内环境绿色更新改造落成实景之三

7.2.5　武汉新能源研究院大楼的绿色设计

作为"武汉未来科技城"的重点建设项目，武汉新能源研究院的基本定位是面向武汉新能源产业发展和两型社会建设的需求，以华中科技大学为依托单位，整合国内外新能源领域科技资源，在若干新能源技术领域开展前沿技术研发，致力于解决新能源产业发展中的重大关键技术问题，项目所取得的一批创新成果在某些方向已取得国际领先地位，为湖北省特别是武汉市新能源产业发展提供了强有力的支持。武汉新能源研究院下设太阳能、风能、生物质能、新能源电池、智能电网、节能减排工程、能源经济与政策、武汉凯迪能源、碳规模减排与资源化利用等研究中心。研究院同国际接轨，吸引国际一流人才加入，充分体现其开放性，实现了研发成果社会共享，展现出强劲的学术性、先进性、产业性和经济性全面发展的态势。

武汉新能源研究院大楼，总规划用地 11ha，建筑面积 68480m^2。包括主塔楼、5 个实验室的裙楼、未来科技城人企服务中心以及地下停车库四个部分，其中主塔楼造型为马蹄莲花朵形状，共 16 层，整体高度 128m（至风机塔尖），建筑面积约 19346 m^2。花形朝向太阳，屋顶中心铺设有太阳能光伏发电板，中心花蕊顶部设有竖轴风力发电机。实验室裙楼由 5 片造型像树叶的建筑体组成，环绕主塔楼布置，总建筑面积约 32149 m^2。人企服务中心位于整体布局的西南角，建筑面积约 5160 m^2，共 2 层，建筑高度 21.4m。这座能合理利用水、风、太阳能等自然资源的低能耗无污染清洁生态建筑，已成为武汉未来科技城的标志性建筑物（图 7-15）。

图 7-15　武汉新能源研究院大楼建筑造型及其环境设计实景

从节能设计来看，武汉新能源研究院大楼具有以下特点：

（1）光能的综合利用

光能的综合利用包括太阳能热利用、天然采光优化和自身结构遮光。太阳能热利用的基本方式是采用太阳能集热装置接收太阳能或者聚集太阳能，使之转化为热能并加以利用。在朝向方面，马蹄莲花型朝向太阳，在内立面设计方面，尽可能通过有覆盖物的中庭收集北面的非直射光，保证顶部设置太阳能光伏发电板最大限度吸收太阳能。吸收的太阳能除能供自身使用外，还能并网供电，充分利用。

天然采光优化分中庭采光、楼层内房间采光与地下停车场光导照明。中庭采光主要通过对中庭顶部覆盖的太阳能光电池板排放的角度（20°）优化，使北面的非直射光通过电池板间的空间进入中庭，在保证自然采光的情况下，避免中庭在夏天因太阳直射而过热；楼层内房间采光是在建筑外立面运用较大面积的玻璃来增加采光，以减少人工照明的消耗。只是外立面玻璃面积过大，会导致供暖及制冷负荷的增加，所以将不可避免的暗区设置为需要较少采光的功能空间，可大大节省电力，并使用室内反光板加强日光对建筑的穿透程度；地下停车场光导照明是指在门前广场上利用 33 个光导照明灯，在日常状态下，不用开一盏电灯，都能保持约 11000m² 地下停车场明亮。

自身结构遮光是马蹄莲造型主塔楼采用仿生设计、上大下小的结构形状，在早晨和下午光线强度小的时候，采光不受影响；在正午光线强度大，温度上升快的阶段，底部建筑正好位于自己的影子的位置，由此使大楼减少了外部的热负荷，减缓大楼内温度的上升。

（2）新型垂直轴风力发动机利用

依据武汉市的风向，城市地区大楼周围围绕着更多乱流，垂直轴风力发动机的形态在乱流围绕的环境中性能更加优越，因而马蹄莲型主塔楼选择垂直轴风力发电机，即可不需随风向改变而旋转，从而能转化更多的风能。

（3）中水回收系统

马蹄莲造型主塔楼屋顶不仅能充分利用太阳能，它的形状还有利于收集大厦顶部的雨水。收集的雨水进行预过滤后流入顶层的一个小水池。水池满溢时，多余的水将流向地下室的第二个大水池。对雨水进行砂滤处理，并对水池中的水进行循环过滤及不断地紫外线消毒。高层水池中的雨水将用于顶层室内花园及冲洗厕所，底层水池中的水将用于对送往中庭的空气进行绝热预冷却，喷泉及水池补水，混合型干湿冷却塔补给水，绿色屋顶和景观灌溉用水。

（4）混合自然通风系统

自然通风主要利用马蹄莲造型主塔楼的"雄蕊"，即从一楼开始环绕的楼梯，在设计上不仅能加强垂直交通，同时也起到垂直排气管的作用。在非动力通风系统的作用下，在中庭底部与顶部形成气压差，即"烟囱效应"。热空气（相对密度小）上升，从建筑上部风口排出，室外新鲜的冷空气（相对密度大）从建筑底部被吸入，形成无能耗自热通风。

机械辅助通风主要是在外界空气质量不好状态时，办公室所用新鲜空气将会通过空气处理装置处理后供给办公室。当人们在办公室内的时候，二氧化碳传感器将监测到他们的存在，然后通风变量箱将会打开以提供尽可能少量的空气来保证的室内空气质量。

当没有人在办公室的时候，二氧化碳传感器将检测到空气质量很好，然后将送风级别调到低级。办公室提供的空气会通过灯具装配系统自然送往吊顶，并让废气从走廊排往主要的排气管。

（5）智能电网系统

新能源研究院大楼内部智能电网通过综合运用新能源技术、节能技术、物联网技术，建设先进的微电网系统。将主塔楼屋顶的风光发电系统和主电网协调控制，把清洁能源平滑接入主网或独立自治运行，充分满足用户对电能质量、供电可靠性和安全性的要求。

从节能效果来看，武汉新能源研究院大楼在光伏发电方面，主塔楼太阳能光伏（多晶硅）发电装机容量 388kW。按 25 年使用寿命计算，总发电量达 1164 万度；风力发电方面，主塔楼楼顶垂直风力发电机装机容量 12kW，每年发电量可达 1.44 万度；中水回用系统方面，其建筑组群屋面雨水经过管道汇集至储存量为 400t 的水箱，经净化处理后，用于新能源研究院的保洁、消防、空调、灌溉等用水，每年可节约用水 4800t，节水率 38%；另外主塔楼空调末端冷量系统、混合自然通风系统与地下停车场光导照明也有较好的节能效果（图 7-16）。

图 7-16　武汉新能源研究院大楼马蹄莲造型主塔楼内外环境实景

武汉新能源研究院大楼作为目前国内最大的仿生建筑，通过优化通风与采光设计，充分利用自身结构特性实现自然采光与通风。最大程度上利用太阳能、风能等清洁能源，降低能耗，将大自然与科技楼宇完美融合，是绿色节能建筑的典范。该建筑组群除了造型独特、优美，主塔楼"马蹄莲"最大的特点是节能。这幢建筑由荷兰荷隆美公司和上海现代规划建筑设计院联合设计，以马蹄莲寓意"武汉新能源之花"（图 7-17）。获得中国绿色建筑评价标准最高级——三星奖，成为具有国际影响力的绿色建筑典范，也是武汉市乃至东湖新技术开发区具有地标性的建筑。

图 7-17　武汉新能源研究院大楼建筑造型

7.3　相关设计创作实践案例带来的启示

通过对前面 10 个国内外绿色建筑及室内环境设计创作实践案例的解析，有以下建设经验可供借鉴：

英国伦敦贝丁顿零碳社区在建造过程中，因"就近取材"和大量使用回收建材而降低建设成本。建筑窗框选用木材而不是未增塑聚氯乙烯，仅这一项就相当于在制造过程中减少了 10% 以上（约 800t）的二氧化碳排放量，在建设成本与废旧建材利用方面具有示范作用。另外贝丁顿社区还在零能耗的供暖系统、零排放的能源供应系统、循环利用的节水系统及绿色出行模式等方面具有可供借鉴的价值。

美国戴尔儿童医疗中心在健康原则的体现、能源供应及节能设施、一体化设计的应用、建筑材料及投资回报等方面做出有益的探索，尤其是在医疗中心规划、设计和建造的过程中严格遵循健康及绿色原则，为绿色医院的建设提供了观摩和学习的经验。

法兰克福商业银行通过高技术将绿色体系成功地融合到建筑内部，并且结合机械调控系统更好地改善室内的气候问题以及生物气候调节问题，为人们创造出带有田园气息的舒适内部环境。花园外侧是双层玻璃幕墙，可以通过电控去调节开启的程度，这样既可以获得自然通风还可以引进太阳光，并把不可再生能源的消耗和机械耗能降到最低。其通过高技术将绿色技术用于当代建筑生态体系的表现以及独特的手法对绿色建筑及室内环境设计创作实践具有启示和影响作用。

日本 Yamanakako 的纸质住宅通过纸管墙的运用营造出具有韵律感的良好的视觉效果，以突出"纸"的存在和对"纸"进行表达的愿望。而纸质材料很容易回收再利用，也很经济，可使设计师在遇到要求快速、低成本的设计时使用，把纸这一元素应用到设计中，对绿色建筑及室内环境设计创作实践中的材料运用及极简设计具有值得探索的意义。

瑞士国际自然保护联盟总部保护中心是 AGPS 建筑设计事务所通过竞赛取得的中标项目，竞赛方案意图在极其有限的预算制约下整合一系列的绿色设计策略，以实现高水准、高舒适的建筑及室内环境空间。为了达到这一目标，设计伊始就确定了由建筑师、设备与结构工程师等多专业合作的工作模式，力求在材料和技术应用最小化的同时达到工作空间质量和建筑性能的最优化。其建筑及室内环境的整个设备系统是与建筑高度一体化的创新性系统，也是建筑最终可以获得 LEED 铂金和 Minergie P Eco 认证的重要保障。并在室内环境、可再生能源的一体化利用方面取得成功的探索经验，采用一系列设计措施达到减少能源和资源消耗，保护环境与自然的目标，直至确立出一套新的设计标准可供推广应用。

上海沪上·生态家及改造是以国家《绿色建筑评价标准》最高等级三星级为设计目标，通过 30% 前瞻技术研发集成和 70% 成熟技术应用，因地制宜地形成"节能减排、资源回用、环境宜居、智能高效"四大技术体系，共 30 个技术专项，达到建筑综合节能 60%，可再生能源利用率占建筑设计能耗值的 50%，非传统水源利用率 60%，固废再生的墙体材料使用率 100%，室内环境达标率 100% 等技术指标的示范建筑。其设计强调生态技术的建筑一体化，并突出自然通风强化技术、夏热冬冷气候适应性围护结构、天然采光和室内 LED 照明、燃料电池家庭能源中心、PC 预制式多功能阳台、BIPV 非晶硅薄膜光伏发电系统、固废再生轻质内隔墙、生活垃圾资源化、智能集成管理和家庭远程医疗、家用机器人服务系统等 10 大技术亮点。尤其是世博会结束后对其的改造，使之成为一栋主打绿色、自然的"最美办公楼"，重新焕发生命力，更是具有可供借鉴的作用。

中粮万科长阳半岛 11 号地工业化住宅作为装配式工业化住宅示范项目，其工程主要采用了以下绿色设计策略：一是结合地块特征进行住区绿色规划；二是绿色景观和场地规划，在园林种植设计中采用复层绿化方式；三是运用装配式建筑被动节能设计，项目采用装配式剪力墙结构，实现了冬暖夏凉"绿色居住"的目标；四是采用"集中集热——分户储水——分户使用"的太阳能热水系统来满足整个住区的供应需要；五是在一体化精装中体现装配式技术应用，将主体结构、装修部品和设备设施的工业化高度集成，实现"绿色施工"。并结合物业管理措施，采用了垃圾分类收集和专用厨余垃圾处理系统，节水器具使用率100%。地下车库设置导光管及小型照明智能控制系统，以太阳能草坪灯、路灯等绿色环保技术和措施来推进绿色工业化，在装配式工业化住宅示范项目层面具有推广意义。

北方乡村生态屋设计探索首先以适应当地的经济条件和生产力发展水平为基础，根据当地的施工技术、运输条件、建材资源等来确定北方乡村生态屋设计方案与技术措施。其次根据北方严寒地区乡村住宅建设的现状进行分析，寻找适宜北方乡村生态屋设计的生态技术，主要包括可再生资源利用、节能与改善室内空气环境等技术和方法。从而不仅提高了北方乡村生态屋居住的舒适度，减少了能源的使用，而且还相应减少了 CO_2 排放与对环境的负面影响。同时由于所选用的保温材料是农作物废弃物，是取之不尽、用之不竭的可再生绿色材料，既减少了加工运输保温材料所带来的能耗和污染，也减少了每年烧稻草所带来的大气污染。所有在乡村生态屋设计进行的探索，对中国广大乡村生态环境的改进均具有可以借鉴的作用。

深圳中山大学附属第八医院绿色设计特色主要体现在空间的人性化布局——将病房做到一床一窗，且在建筑及内外环境中注重生态绿化、与自然的融合及环境资源的节约，并透过绿色建筑及室内环境设计的创作方式和大自然紧紧联结，给予病人患者可以舒展的空间，直至体现出医疗建筑及室内环境关爱生命、尊重生命的设计理念。

武汉新能源研究院大楼为"武汉未来科技城"的重点建设项目，其节能设计具有以下特点：一是光能的综合利用，二是新型垂直轴风力发动机利用，三是中水回收系统，四是混合自然通风系统，五是智能电网系统。从节能效果来看，武汉新能源研究院大楼在光伏发电、风力发电、中水回用，以及主塔楼空调末端冷梁系统、混合自然通风系统与地下停车场光导照明等层面均做出有益的探索。武汉新能源研究院大楼在绿色建筑技术与造型艺术上的有机结合取得的成功经验，对绿色建筑及室内环境设计创作实践的发展将产生很大的推动作用。

第8章　绿色健康建筑室内环境设计的未来考量

进入 21 世纪 20 年代，伴随着社会的发展，人们越来越关注起建筑室内环境的健康问题。2017 年 10 月党的十九大报告指出，中国特色社会主义新时代社会主要矛盾已经转化为"人民对美好生活的需要同不平衡不充分的发展之间的矛盾"，健康是美好生活的最基本条件，因此要"把人民健康放在优先发展的战略地位"，整合健康资源、健康产业，建设人人共建共享的健康中国。建设健康中国必须构建全方位全周期的健康保障，即需从广泛的健康影响因素入手，包括从生活健康、健康服务、健康保障、健康环境、健康产业、支撑与保障、组织实施等多个方面，构建起健康整体系统框架，从而为健康中国战略的实施、建设、评估、调整、完善打下良好的基础。

8.1 健康建筑及室内环境与"健康中国"战略实施

健康建筑是 20 世纪 90 年代世界卫生组织提出的概念，也是近年热议的一个问题。健康建筑首先应该是绿色建筑，它是绿色建筑在健康方面的升级版；绿色建筑着重于保护环境（四节一环保），健康建筑在此基础上，围绕建筑中人的需求，强调"以人为本"；绿色建筑认证的着重点在建筑本身，强调环保和可持续性；健康建筑认证的着重点在建筑里面的人，目的是追求建筑中人的更健康。健康建筑除了在营造中使用无害的建筑材料外，还应在全生命周期内促进人们在其间健康舒适地生活与工作。

有关健康建筑的定义，2000 年在荷兰举行的健康建筑国际年会上被定义为："一种体现在住宅室内和住区的居住环境的方式，不仅包括物理测量值，如温度、通风换气效率、噪声、照度、空气品质等，还需包括主观性心理因素，如平面和空间布局、环境色调、私密保护、视野景观、材料选择等，另外加上工作满意度、人际关系等。"

健康建筑在国内成为热点，是基于健康中国战略近年来的推行与实施。2015 年 3 月在第十二届全国人民代表大会第三次会议政府工作报告中，"打造健康中国"发展战略被首次提出。其后依据党的十八届五中全会战略部署，中共中央、国务院于 2016 年 10 月 25 日印发了《"健康中国 2030"规划纲要》，明确提出了推进健康中国建设的国家战略。健康是促进人的全面发展的必然要求，是经济社会发展的基础条件，是民族昌盛和国家富强的重要标志，也是广大人民群众的共同追求（图 8-1）。

健康事业与人居环境密切相关，事关建筑设计与城市规划建设。在建筑领域，建筑室内环境中的空气污染问题、建筑环境舒适度差、适老性差、交流与运动场地不足等，由其

图 8-1 《"健康中国 2030"规划纲要》

建筑所引起的不健康因素日
益凸显。人类一生超过 80%
的时间在建筑室内环境中度
过,因此建筑及室内环境的
健康性能直接影响着人的身
心健康。为实现"健康中国
2030"规划纲要发展目标,营
造健康的建筑环境和推行健
康的生活方式,实现建筑及室
内环境健康性能的提升,规范
健康建筑及室内环境的评价,
有关单位开展了中国建筑学
会标准《健康建筑评价标准》
的编制研究工作,由中国建筑
学会于 2017 年 1 月 6 日发布
并实施。随着更多的健康建
筑科技成果形成,2020 年启
动《健康建筑评价标准》修

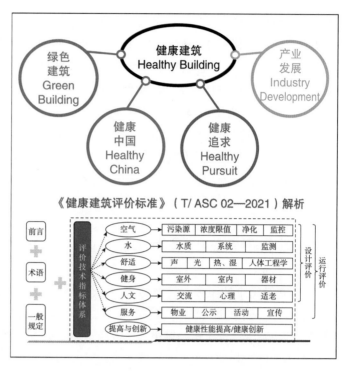

图 8-2　《健康建筑评价标准》（T/ASC 02—2021）解析

订工作,修订的《健康建筑评价标准》于 2021 年 9 月 1 日发布,标准号为 T/ASC 02-
2021,自 2021 年 11 月 1 日起实施(图 8-2)。

颁布实施的《健康建筑评价标准》(T/ASC 02—2021)共有 10 章,前 3 章分别是总则、
术语和基本规定;其中第 2 章有关健康建筑给出的定义为:"健康建筑是在满足建筑功
能的基础上,为建筑使用者提供更加健康的环境、设施和服务,促进建筑使用者身心健康、实现健康性能提升的建筑。"第 4 ~ 9 章为健康建筑评价的六大类指标,具体为:
空气、水、舒适、健身、人文、服务;第 10 章是提高与创新,通过奖励性加分鼓励进
一步提升建筑的健康性能。

这个标准提出:健康建筑评价应遵循多学科融合性的原则,人的健康,是由多种复
杂因素共同作用的结果,健康建筑在指标设定方面不只是建筑工程领域内学科,还包含
了病理毒理学、流行病学、心理学、营养学、人文与社会科学、体育学等多种学科领域,
故建筑及其室内环境的健康性能应涵盖空气、水、舒适、健身、人文、服务、提高与创
新等内容,其核心关注点是建筑室内环境中人的感受,必须对身体、心理、生理有益,
并且强调"以人为本",让健康建筑从此有标可依。

健康建筑强调建筑使用者的安全和体验,以建筑技术与设备的合理配置、建筑管理
与服务的高效应用为手段,如控制室内污染物浓度、优化室内热湿环境、配置健身设施
与器材、进行适老适幼设计、创建优美绿化环境、发布室内环境监测数据、提供医疗服

务和紧急救援的便利条件、提升物业管理能力等，向建筑使用者的短期健康威胁应急、长期健康促进提供基本保障和便利条件，最终实现建筑使用者身心健康。由此可见，健康建筑是绿色建筑更高层次的深化和发展，健康建筑的前提是绿色建筑。健康建筑在保证"绿色"的同时还应更加注重使用者的身心健康。为此《健康建筑评价标准》（T/ASC 02—2021）规定申请评价的项目也应满足绿色建筑的要求，即获得绿色建筑星级认证标识，或通过绿色建筑及其室内环境设计施工图审查。对建筑及其室内环境健康性能进行评价，是鼓励建造健康建筑及其室内环境、促进健康产业发展的有效途径。这个标准的编制，无疑对"健康中国 2030"规划纲要的实施，促进健康建筑及其室内装饰行业的发展具有重要意义。

8.2　以健康为本的绿色建筑室内环境设计创造

从 20 世纪中期至今，建设健康、安全、绿色、优质的人居环境已经成为人们追求的共同目标。健康建筑是绿色建筑深层次发展的需求，二者都是"以人为本"的高质量建筑，但是健康建筑所跨领域更广，各项指标要求更严格、更聚焦建筑对人的健康影响，用户的体验感也相对更好。如控制建筑及其室内环境中污染物浓度、优化室内热湿环境、配置健身设施与器材、进行适老适幼设计、创建优美绿化环境、发布室内环境监测数据、提供医疗服务和紧急救援的便利条件、提升物业服务能力等，既能够保障建筑及其室内环境使用者短期的应急需求，也能为建筑及其室内环境使用者提供长期的健康促进保障，最终实现促进建筑及其室内环境使用者身心健康的目的。

2019 年末，随着突如其来的新型冠状病毒肺炎疫情的出现，瞬间疫情影响全球，至今三年过去，这场全球流行的疫情，正在改变人们过去曾习以为常的工作与生活状态，网上授课、云端办公、视频会议、隔离检疫、保持社交距离等措施让人们得以在疫情期间能够留在室内，依靠建筑相互间隔。在人们保障各自健康的同时，营造以健康为本的绿色、优质的建筑室内空间环境，即成为人们关注的焦点。

（1）对建筑室内空间环境的定期"体检"

正如人们的身体需要定期体检，建筑及室内环境在长期运营使用过程中也需要定期"体检"，尤其针对其关键部位和设备。建筑及其室内环境的定期"体检"除了按已颁布实施的《健康建筑评价标准》（T/ASC 02—2016）进行外，还包含对其健康风险评估，诸如通风、温度、湿度及空气污染风险等，通过现场评估和计算模拟可以明确建筑室内空间环境中特定的风险区（如空气流通不畅的部位）、识别潜在污染源，用于建筑室内空间环境未来优化、运营和管理。

（2）对建筑室内空间环境空调营运模式的改进

新型冠状病毒肺炎疫情爆发后，几乎所有公共建筑室内空间环境的中央空调都被暂停使用。而 2003 年 SARS 之后，世界范围内的猪流感、禽流感、埃博拉、中东呼吸综合症等此起彼伏，病毒、细菌对人类的危害从未停止过，但公共建筑室内空间环境的中央空调营运模式并未见有多少改进，这对以健康为本的绿色、优质建筑室内空间环境营造来说，已是刻不容缓尚需进行的工作。

（3）对既有或新建筑室内空间环境功能布局上做相应调整

首先在入口处增加设备平台和 LOGO 墙面警告区，当疫情来临时可作为建筑内外环境的过渡空间，且在此形成由外入内进行消毒等处理的半污染区域；其次在原有户型平面上增加"半污染的过度空间"，即形成"设备平台"；再者就是将建筑室内空间分为一大一小两个户型，大户型户主自己与小孩住，小户型老人住，形成平时既可相互照顾，又可避免因生活习惯的不同而产生家庭矛盾。疫情来临，若家中有人不幸感染，则可将一个户型单位分离出来作为"隔离户型"，以免家人被更多感染，从而满足户型分合可变的需要。

（4）对既有或新建筑室内空间环境公共设备使用方式的完善

无论是居住，还是公共等建筑室内空间环境，均需考虑将其公共区域的各种公共设备开关、控件等更新为自动化、感应或语音来控制，给水以减少公共区域各种设备的直接接触表面。诸如建筑室内空间环境中的灯具、空调、排水设备、电梯控件与门锁设计等，应基于防疫等特定风险未雨绸缪，对建筑室内空间公共区域各种设备选择特定的抗菌用材、开启方式，建筑室内外入口所设过渡空间应安装高性能空气过滤器、紫外线杀菌和湿度控制设施，以避免病毒传播及交叉感染，使既有或新建筑室内空间环境在设计之初即纳入健康理念和管理机制，直至在长远的运营期间能够持续满足绿色、优质建筑室内空间环境的营造需要。

（5）推动相关建筑室内健康环境防疫管理办法及应急管理操作指南，规范其在建筑室内环境中的推广应用

如 2020 年 2 月在国务院颁布了《企事业单位复工复产疫情防控措施指南》后，住房和城乡建设部办公厅也印发了《关于加强新冠肺炎疫情防控有序推动企业开复工工作的通知》（建办市［2020］5 号），先后有《酒店建筑用于新冠肺炎临时隔离区的应急管理操作指南》、《工业建筑改造为方舱医院的建设运营技术指南（试行）》及中国建筑学会在最有效的时间内也发布了《办公建筑应对"新型冠状病毒"运行管理应急措施指南》实施标准等。另外《室内健康环境抗菌防霉技术应用指南》系列团体标准规范也在编制之中，这些防疫管理办法及应急管理操作指南无疑是疫情防护之中及其后以健康为本营造绿色、优质建筑室内空间环境的根本保障和具体工作展开的操作指南。

健康是人类生存与发展的一个永恒主题。面向未来以健康为本的绿色、优质建筑室内环境设计创造，应将"健康中国"发展理念贯彻其中，以《"健康中国 2030"规划纲要》

为基础来推进绿色、优质建筑室内空间环境的建设，对于中国未来经济社会的可持续发展具有重大影响和战略意义（图8-3）。未来以健康为本的绿色、优质建筑室内环境发展为设计主导思想，以推动健康宜居生活、优化健康宜居服务、完善健康宜居保障、建设健康宜居环境、发展健康宜居产业为重点，把生活宜居为本的健康安全居住环境理念融入规划建设与管理全过程，直至促进绿色、优质建筑及其室内环境设计创造与人民健康、安全、全宜居生活模式，将低碳生活方式融入自然与人居艺境的营造，实现在生态文明建设中绿色人居环境的和谐发展。

图 8-3　面向未来的健康、绿色建筑及其室内环境的营造

a）新加坡樟宜机场"珍宝"新航站楼室内中庭空间环境实景
b）日本东京港城竹芝东急大厦室内交往空间环境实景
c）上海虹桥凌空 SOHO 建筑室内空间环境实景
d）北京大兴天友·零舍为国内所建第一座近零能耗乡居建筑及内外空间环境实景

8.3　健康建筑室内环境创建与发展绿色经济的美好蓝图

生态文明建设是党的十八大以来，以习近平总书记为代表的党中央站在战略和全局的高度，所做出的战略决策。

从绿色经济（Green Economic）来看，它是伴随上 20 世纪 60 年代以来西方工业化国家的社会生态运动而兴起的一种清洁型经济形式，其实质是对生态系统不产生消极影响或者减少消极影响的可持续发展型经济。它既能最大限度地提高经济效益，又能保证生态系统的良性循环与恢复；既能够使人类得到温饱安全保障，又能使人类环境得到生态安全保障，使人与自然和睦相处。

对"绿色经济"一词的提出，首先见于英国环境经济学家大卫·皮尔斯 1989 年出版的《绿色经济的蓝图》一书了。在 2001 年世界银行发布的中国环境战略更新报告《中国：空气、土地和水——新千年的环境优先领域》中提出，绿色发展的一个重要特征就是资源与环境是生产力发展的要素，必须把自然资源 (包括环境容量) 的价值和污染治理、生态恢复的成本纳入 GDP 和国民财富的核算。而在联合国开发计划署发表的《中国人类发展报告 2002：绿色发展——必选之路》报告中提出让绿色发展成为一种选择，中国应该抛弃走以牺牲环境为代价高速发展经济的"危险之路"，选择一条以保护环境为前提的绿色发展之路。

发展绿色经济，首先重在树立全球性绿色意识，开发利用绿色清洁能源，生产绿色产品，推广绿色生产技术，大办绿色企业，建立绿色市场，促进绿色营销，发展绿色贸易，制定绿色政策，开征绿色税收，创建一个和谐高效的绿色经济环境和一个生态安全的绿色社会。而目前所提的知识经济，可说就是可持续发展经济，因此它也成为绿色经济的组成部分。知识是一种可以重复使用而又不会损耗的无限资源和无污染资源。把知识运用于生产过程，或者生产知识产品，可以从根本上解决环境污染问题，从而达到既提高经济效益，又提高社会效益和环境效益的目的，成为绿色经济的重要角色（图 8-4）。

我们知道，从 20 世纪 90 年代以来，伴随着国家由计划经济向市场经济的转型，中国的建筑及其室内装饰业也迎来了一个前所未有的发展良机。广阔的建筑及其室内装饰市场，不仅为各类室内装饰行业的成长与壮大提供了优良的沃土，也促使建筑装饰材料加工等相关行业共同发展，并推动室内装饰整个成为生机勃勃的"朝阳产业"。据中国建筑装饰协会发布，进入 21 世纪以来，中国建筑室内装饰行业工程年总产值 2000 年为 5500 亿元，2001 年为 6600 亿元，2004 年约为 10030 亿元，突破了 10000 亿元大关，2007 年约为 15000 亿元。2010 年达到 21000 亿左右。2018 年全国建筑装饰行业完成工程总产值 3.66 万亿元，同比增加 7.5%，超宏观经济增

图 8-4　发展绿色经济重在树立全球性绿色意识

速 0.8 个百分点；其中住宅装修装饰全年完成工程总产值 1.78 万亿元，同比增长 7.2%。全行业平均利润率为 1.9% 左右。2018 年尽管行业发展难度较大，但是由于我国建筑行业基数大，装修改造比例高，市场整体仍处于扩张中，有一定增速。而建筑及其室内装饰市场不仅拉动了 20 多个相关产业的发展，还带动了物流产业的繁荣与发展。

近三年来虽受全球疫情及国内房地产行业政策调控影响，2021 年全国建筑装饰行业仍完成工程总产值 5.78 万亿元，其中公装产值 2.93 万亿元，家装产值 2.85 万亿元。而建筑及其室内装饰行业的发展，也促进了进出口业、旅游业、交通运输业等行业的发展；并且建筑装饰行业随着房地产业、建筑业的发展已经成为国民经济的重要支柱。正是这样，在倡导生态文明建设的建筑室内环境创建与绿色经济的发展层面来看，当下绿色建筑室内环境设计方面强调的和谐、节约、创新与文明等观念，显然也是为了实现绿色经济的发展目标而提出来的。

（1）和谐

建筑及其室内环境装饰行业涉及面广：一是人与自然的和谐，室内装饰活动要防止对资源的浪费和对环境的污染。二是空间与用材的和谐，就是在材料选用上还要考虑到与人和空间环境的沟通，以反映出人们返朴归真、回归自然的心理需求。三是使用与健康的和谐，就是在建筑室内装饰材料，尤其在高新材料的选用上要防止使用后从空间界面上涌现出来的隐性"杀手"对人体的危害，以使我们所拥有的室内空间环境能更加舒适，且有利于人们健康地生活与工作；

（2）节约

建筑及其室内环境装饰行业在节能、节水、节材方面潜力巨大。由于这个行业涉及到千家万户，做好节约工作对全社会的影响也很大；

（3）创新

建筑及其室内环境装饰涉及设计、施工、材料、管理各个环节，可在其导入可持续发展的观念与绿色设计的思想，使建筑与室内环境装饰设计、施工、材料、管理能够做到全面创新；

（4）文明

建筑及其室内环境的装饰既是一种物质消费，又是一种精神消费，更重要的还是一种文化的消费。因此这个行业是一个直接为人民物质文化生活服务的艺术类综合性的服务行业，也是体现经济繁荣、社会进步与人民幸福的重要标志之一。

而且，从生态文明建设中的建筑室内环境创建与绿色经济发展的关系来看：在绿色建筑室内环境创建中提倡的适度消费思想，倡导节约型的生活方式，反对豪华、奢侈与铺张的室内环境装饰，力求把生产和消费维持在资源和环境的承受范围之内，以体现一种崭新的生态观、文化观和价值观；在绿色建筑室内环境创建中注重生态美学观念的建构倡导节约和循环利用，表现在建筑室内环境的营造、使用和更新过程中，对常规能源与不可再生资源的节约和回收利用，对可再生资源的低消耗使用及实现绿色建筑室内环境设计资源的循环利用，实现绿色建筑室内环境用品产业化等，均与绿色经济的发展，直至绿色文化的建设有着紧密的联系，这也是未来绿色建筑室内环境创建努力的目标所在（图 8-5）。

图 8-5　绿色建筑室内环境用品产业化

2018 年 3 月的《中华人民共和国宪法修正案》把生态文明写入宪法，这是中国倡导的生态文明引领世界文明发展的一个重大举措，使当前以发展绿色经济为主阵地的绿色发展模式有了宪法的保障。2022 年 10 月，党的二十大报告指出，"中国式现代化是人与自然和谐共生的现代化"，明确了我国新时代生态文明建设的战略任务，总基调是推动绿色发展，促进人与自然和谐共生。而绿色建筑室内环境的创建与国家推进生态文明建设发展战略，实现经济发展和人口、资源环境的协调与发展的道路，即绿色经济道路是吻合的。发展绿色经济是对传统经济模式与环境设计观念的挑战，也是全球性经济持续发展的关键，更是未来世界经济发展的重要方向。

此外，生态文明建设中的建筑室内环境创建在实现绿色经济发展的同时，还与绿色文化的建设关系密切，而绿色文化作为文化的高级表现形态，对推动经济社会可持续发展的先导、促进作用不可或缺。积极研究和探索有效方法和举措，制定相关政策与法规，以此弘扬绿色文化，确立并创建"美丽中国"之宏伟目标，对促进生态文明建设具有极其重要的现实意义。并且绿色经济不仅成为未来绿色文化的经济体现形式，还将成为人类文明发展理应追求的目标，这也是绿色经济的发展为实现未来人与自然和谐统一的美好蓝图。

参考文献

［1］陈金清.生态文明理论与实践研究［M］.北京：人民出版社，2016.

［2］赵家荣，曾少军，等.永续发展之路：中国生态文明体制机制研究［M］.北京：中国经济出版社，2017.

［3］吴良镛.人居环境科学导论［M］.北京：中国建筑工业出版社，2003.

［4］厉以宁.中国的环境与可持续发展——CCICED 环境经济工作组研究成果概要［M］.北京：经济科学出版社，2004.

［5］潘玉君，武友德，邹平，等.可持续发展原理［M］.北京：中国社会科学出版社，2005.

［6］岩流.中国的绿色文明［M］.北京：中国环境科学出版社，1999.

［7］刘志峰，刘光复.绿色设计［M］.北京：机械工业出版社.1999.

［8］孙启宏，王金南.可持续消费［M］.贵阳：贵州科技出版社，2001.

［9］VEZZOLI G, MANZINI E.环境可持续设计［M］.刘新，杨洪君，覃京燕，译.北京：国防工业出版社，2010.

［10］克利夫·芒福汀.绿色尺度［M］.陈贞，高文艳，译.北京：中国建筑工业出版社，1999.

［11］西安建筑科技大学绿色建筑研究中心.绿色建筑［M］.北京：中国计划出版社，1999.

［12］齐康，杨维菊.绿色建筑设计与技术［M］.南京：东南大学出版社，2003.

［13］周浩明.可持续室内环境设计理论［M］.北京：中国建筑工业出版社，2011.

［14］马薇，张宏伟.美国绿色建筑理论与实战［M］.北京：中国建筑工业出版社，2012.

［15］李飞，杨建明.绿色建筑技术概论［M］.北京：国防工业出版社，2014.

［16］王燕飞.面向可持续发展的绿色建筑设计研究［M］.北京：中国原子能出版社，2018.

［17］张燕文.循环经济研究——以荆门市循环经济实践为例［M］.北京：中国财经出版传媒集团·经济科学出版社，2016.

［18］吴泳.环境·污染·治理［M］.北京：科学出版社，2004.

［19］张国强，喻李葵.室内装修：谨防人类健康杀手［M］.北京：中国建筑工业出版社，2003.

［20］宋广生.室内环境污染防治指南［M］.北京：机械工业出版社，2003.

［21］尹松年.室内装修与健康［M］.北京：金盾出版社，2003.

［22］李荫堂.环境保护与节能［M］.西安：西安交通大学出版社，1998.

［23］中国建筑材料科学研究院.绿色建材与建材绿色化［M］.北京：化学工业出版社，2003.

［24］陶茂萱，徐东群.家居忠告［M］.广州：广东人民出版社，2005.

［25］大卫·皮尔斯，阿尼尔·马肯亚，爱德华·巴比尔.绿色经济的蓝图［M］.北京：北京师范大学出版社，1996.

［26］住房和城乡建设部.绿色建筑评价标准: GB/T 50378—2019[S].北京: 中国建筑工业出版社.2019.

［27］方世南，杨洋.习近平生态文明思想的永续发展实现路径研究［J］.苏州大学学报（人文社会科学版).2019（3）.